초등학교 수학 교과서 잡는

수학 용어 비법

도형편

김수미 · 김미환 · 송정화 · 임영빈 지음

초등학교 수학 교과서 잡는

수학 용어 비법 도형편

1판 1쇄 인쇄 2022년 1월 10일
1판 1쇄 발행 2022년 1월 20일

지은이 김수미, 김미환, 송정화, 임영빈
발행인 강미선
발행처 하우매쓰 앤 컴퍼니
편집 이상희 | **디자인** 남상원 | **일러스트** 조아영
등록 2017년 3월 16일(제2017-000034호)
주소 서울시 영등포구 문래북로 116 트리플렉스 B211호
대표전화 (02)2677-0712 | **팩스** 050-4133-7255
전자우편 upmmt@naver.com

ISBN 979-11-967467-9-7(63410)

차
례

머리말

'수학은 일종의 언어이다.' 이 말에 동의하시나요? 지구가 태양을 중심으로 돈다고 주장한 과학자 갈릴레오 갈릴레이는 자연은 하나의 방대한 백과사전이며, 그 사전은 수학이라는 언어로 기술되어 있다고 했습니다. 실제로 오래전부터 과학자들은 자연에서 발견한 법칙이나 원리를 수학을 이용해 표현해 왔습니다. 가령 거리, 속도, 시간의 관계를 말로 설명하는 대신 (거리)=(속도)×(시간)이라 표현합니다. 그러면 우리는 이 식을 통해 시간이 일정하다면 속도가 클수록 거리도 커진다는 사실을 읽어 낼 수 있습니다. 이처럼 수학은 복잡한 물리적 현상을 간단하게 표현하도록 도와주는 아름다운 언어입니다.

수학이 언어라면 수학 공부는 어떻게 하면 좋을까요? 우리말이나 영어, 중국어 등 언어를 공부하는 방법을 떠올려 보겠습니다. 가장 먼저 단어를 외웁니다. 알게 된 단어의 양이 늘어나면 다음에는 단어를 이용해서 자신의 생각을 표현하는 방법을 배웁니다. 수학 공부도 이와 크게 다르지 않습니다. 먼저 수학자들이 만들어 놓은 수학 용어를 익힙니다. 그리고 이것이 어느 정도 쌓이면 수학 용어를 사용해서 자신의 수학적 생각을 표현하는 방법을 익힙니다. 알고 있는 수학 용어가 많다면 아이디어를 표현하는 방법은 더욱 유창하고 유연해질 것입니다. 예전에는 제시된 문제만 잘 풀어도 수학을 잘한다는 소리를 들었습니다. 그러나 지금은 그것으로 부족합니다. 문제의 답을 구했다 해도 그것을 다른 사람이 이해할 수 있도록 글이나 말로 잘 표현할 수 있어야 합니다. 또한 다른 사람이 표현한 수학적 아이디어를 잘 이해할 수 있어야 합니다. 이처럼 오늘날에는 문제해결과 더불어 수학적 의사소통 능력이 수학교육의 중요한 목표로 인식되고 있습니다.

어린이들 입장에서 보면 수학 용어를 익히는 것이 생각처럼 쉽지 않을 수 있습니다. 초등학교 수학 교과서를 살펴보면 새롭게 등장하는 수학 용어의 양이 의외로 많습니다. 학년이 올라가면 새로운 수학 용어의 양이 늘어날 뿐만 아니라 이전에 배운 수학 용어들이 같이 등장하므로 학생들의 부담은 더욱 커질 수밖에 없습니다. 특히 도형 영역은 다른 내용 영역에 비해 월등히 많은 양의 용어가 교과서에 제시됩니다. 그러니 수학적 사고력이 뒷받침되어도 많은 양의 정보를 처리하는 능력이 떨어지면 자칫 수학 학습에 뒤쳐질 수 있습니다. 이러한 걱정과 염려가 이 책을 만든 계기가 되었습니다.

이 책은 퍼즐이라는 형식을 통해 어린이들이 즐겁고 재미있게 수학 용어를 익히도록 함으로써, 수학 교과서의 어느 쪽에서 수학 용어를 만나더라도 당황하지 않고 친근함을 느끼도록 고안되었습니다. 또한 초등학교 도형 영역에서 익혀야 할 최소한의 수학 용어 목록을 제시함으로써 중학교에 입학하기 전에 자신의 지식 상태를 점검하는데 참고 자료로도 활용할 수 있습니다.

이 책은 오랜 시간 수학교육에 헌신한 네 명의 선생님들이 그 필요성을 느끼고 뜻을 한데 모아 만들어졌습니다. 좋은 책을 만들기 위해 많은 의견과 아이디어가 오고 갔으며, 그로 인해 어린이와 수학교육에 대한 이해에 한 걸음 더 다가갈 수 있었습니다. 또한 수학교육 전문가이신 강미선 대표님과 이상희 편집장님의 조언으로 한층 더 어린이 친화적인 책이 탄생하게 되어 감사의 마음을 전하고자 합니다. 이 책을 통해 어린이들이 수학 공부의 즐거움을 느끼고 수학에 대한 자신감을 키울 수 있기를 희망합니다.

2022년 1월 저자 일동

《수학 용어 비법》 도형편에 담긴 수학적 원리

개념 학습은 모든 학습의 기본이라 할 수 있습니다. 특히 수학 교과에서는 개념 학습을 중요하게 생각합니다. 그렇다면 개념이란 무엇일까요? 개념은 여러 다양한 사물들의 공통 속성이 추상화된 것을 뜻합니다. 예를 들어 '빨갛다'라는 개념은 꽃, 블록, 소방차 등 모양이 다른 사물들을 보면서도 색이라는 공통점에 주목하는 경험을 통해 형성됩니다. 그러나 '빨갛다'라는 개념이 형성되고 나면 그 후로는 사물들을 색의 관점에서도 보게 되므로, '파랗다', '노랗다' 등의 개념이 비교적 쉽게 형성됩니다. 수학에서는 삼각형, 사각형 개념을 알게 되면 오각형, 육각형 개념을 더 쉽게 받아들이는 것과 같은 이치입니다.

하나의 개념을 학습할 때 그 개념과 관련이 깊은 개념들은 비슷한 시기에 이어서 학습하는 것이 학습의 효율성을 높여 줍니다. 그런데 초등학교 6년 동안 수학 교과서에 제시되는 개념의 양이 워낙 많다 보니, 이전 학년이나 이전 학기, 심지어 이전 단원에서 배운 내용인데도 불구하고 현재 배우는 내용과 관계를 짓지 못하고 완전히 새로운 개념으로 받아들이는 경우가 많습니다. 학습 상황에서 완전히 새로운 개념을 받아들일 때는 유사 개념을 받아들일 때와 비교가 안 될 정도로 큰 에너지가 필요합니다. 따라서 개념 학습에 성공하기 위해서는 학습량뿐만 아니라 학습의 순서와 시기도 잘 결정해야 합니다.

수학은 단독으로 존재하는 개념을 찾아보기 어려울 정도로 계통성이 큰 교과이므로, 관계 짓기 능력을 기르면 의외로 쉽게 개념 학습에 성공할 수 있습니다. 가령 5, 6학년에서 입체도형의 새로운 개념들을 배우게 될 때, 4학년까지 학습한 평면도형의 개념들을 상기하면서 지금 배우고 있는 내용과 공통점이나 차이점 등을 찾아보는 활동은 새로운 개념들을 받아들이는 데 필요한 에너지의 양을 줄여 줍니다. 그뿐만 아니라 이미 알고 있다고 생각했던 평면도형 개념들을 새로운 관점에서 조망하게

함으로써 평면도형 개념의 수준을 한층 높은 차원으로 끌어올리도록 합니다. 이처럼 개념 학습에는 완성이라는 단계가 없습니다. 개념은 다른 개념들과의 관계 속에서 끊임없이 발전해 가는 생명체와 같습니다.

수학 용어를 익히는 것은 개념 학습을 위한 첫 발을 떼는 것과 같습니다. 우리는 낯선 곳을 찾아갈 때 어떻게 하나요? 길을 나서기 전에 지도를 살펴보고 대략적으로 어떻게 갈지 계획을 세웁니다. 그러면 목적지에 도착할 때까지 걱정이나 두려움을 크게 느끼지 않습니다. 그러나 어디로 갈지 계획을 세우지 않은 채 매 순간 내비게이션의 지시에 따른다면 잘못된 길로 빠지기 쉬울 뿐만 아니라 가는 내내 두려움에 휩싸입니다. 수학 공부도 이와 마찬가지입니다. 자신이 공부해서 도달해야 할 지점과 자신의 현재 위치를 표시할 수 있는 지도가 어린이들의 머릿속에 펼쳐질 수만 있다면, 수학을 공부하는 어린이들의 마음에 두려움이 자리 잡을 이유가 없습니다.

이 책은 초등학교 1학년부터 6학년까지 수학 교과서 도형 단원에 제시된 수학 용어를 총망라하고 있습니다. 이 책을 통해 어린이들이 초등학교 6년 동안 도형 영역에서 공부해야 할 내용에 대한 큰 그림을 머릿속에 그릴 수 있게 된다면 이 책의 목적을 이룬 것입니다. 어린이들이 새로운 학습 내용을 맞이하는 길목마다 이 책을 펼쳐 놓고 자신의 위치를 확인하는 습관을 기른다면 어린이들의 머릿속에 자리한 지도는 매번 세련되고 풍부한 정보로 업그레이드될 것입니다. 이 책을 공부한 모든 어린이의 머릿속에 저마다 멋진 수학 지도가 아로새겨지길 기대하겠습니다.

이 책의 사용법 1

이 책은 초등학교 1학년에서 6학년까지 수학 교과서 도형 단원에 제시된 수학 용어 87개와 몇몇 중등 수학 용어를 포함하여 총 90여 개의 수학 용어를 4단계의 퍼즐 형식에 맞추어 반복적으로 다루고 있습니다.

1단계는 보기에 제시된 수학 용어를 표에서 찾는 퍼즐로, 수학 교과서에 어떤 용어들이 담겨 있는지 대략적으로 훑어보는 것을 목적으로 합니다. 따라서 암기할 목적을 갖지 말고 '이런 용어도 있구나.' 하는 정도의 마음가짐으로 편하고 즐겁게 놀이에 참여하면 됩니다.

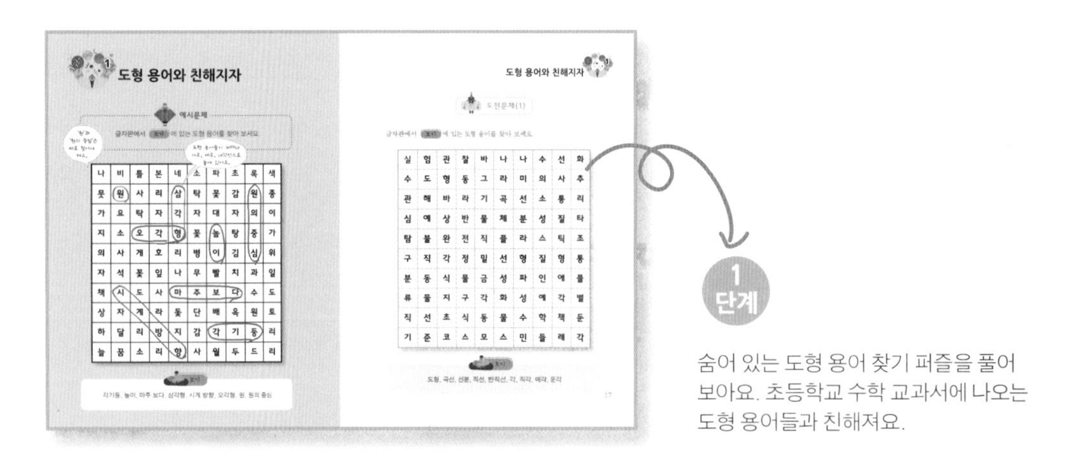

숨어 있는 도형 용어 찾기 퍼즐을 풀어 보아요. 초등학교 수학 교과서에 나오는 도형 용어들과 친해져요.

2단계는 1단계에서 제시된 용어 가운데 26개의 평면도형과 입체도형 용어를 가려내어, 그림 보기를 통해 이름을 알아맞히는 퍼즐로 구성하였습니다. 도형의 이름은 처음에는 영어 알파벳 중 하나로 제시되지만 그림 보기에서 예인 것과 예가 아닌 것을 차례로 확인하면서 도형 이름을 예상하거나 알아맞히면 됩니다. 이 단계는 예습용 혹은 복습용으로 모두 사용이 가능합니다. 예습용으로 사용하는 학습자들은 보기의 공통점을 찾아보고 정답 칸에 제시된 초성 힌트를 보면서 어울리는 이름을 만들어 보는 귀납 추론 활동을 할 수 있습니다. 복습용으로 사용하는 학습자도 교재에 제시된 문제를 풀고 반드시 정답을 맞추어 보아야 합니다. 또한 이 책의 마지막 부분에 수록된 용어 사전을 찾아 해당 부분을 읽으면서 한 번 더 정리한다면 개념의 수준을 한 차원 끌어 올리는 기회가 될 것입니다.

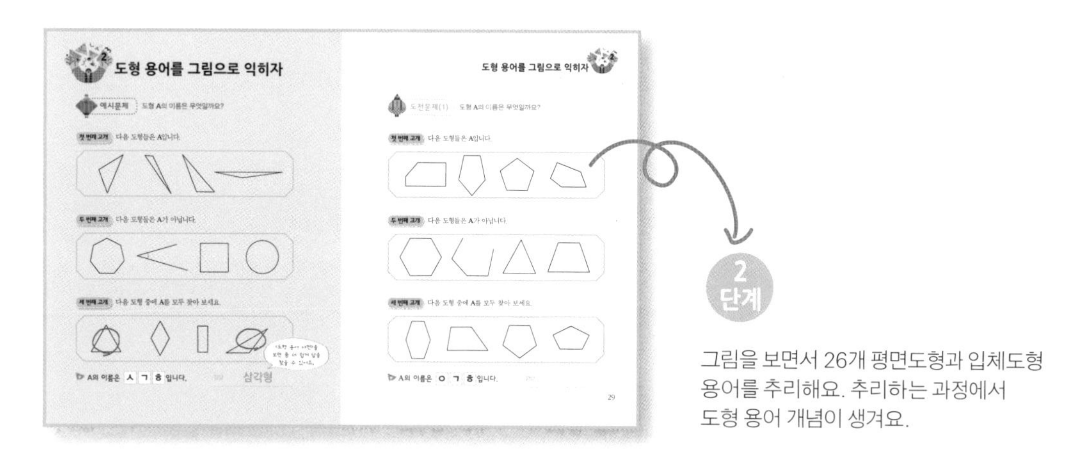

그림을 보면서 26개 평면도형과 입체도형 용어를 추리해요. 추리하는 과정에서 도형 용어 개념이 생겨요.

3단계는 남녀노소가 즐겨 찾는 가로세로 퍼즐 형식으로 용어의 정의나 보기 등을 제시하였습니다. 수학에는 개념을 정의하는 방법이 크게 두 가지입니다. 하나는 개념의 속성을 언어로 진술하는 것입니다. 다른 하나는 개념의 보기를 열거하는 것입니다. 예를 들어 다각형을 정의할 때, '여러 개의 선분으로 둘러싸인 도형'으로 정의할 수도 있지만, '삼각형, 사각형, 오각형 등과 같은 도형'으로도 정의할 수 있습니다. 보통 개념의 속성을 진술하는 방식이 예를 제시하는 것보다 어렵게 느껴지기 때문에 학습자의 수준이 높거나 비교적 쉬운 개념을 정의할 때 사용됩니다. 그러나 학습을 장기적 관점에서 바라보면 이 두 가지 방식의 표현을 모두 이해하고 활용하는 것이 바람직합니다. 따라서 가로세로 퍼즐의 용어 힌트를 제시할 때 다양한 방식으로 개념 정의를 하려고

이 책의 사용법 2

노력하였습니다. 이 단계는 복습용으로 사용하는 것이 바람직하지만, 예습용으로 사용하고자 하는 학습자라면 부록에 실린 용어 사전을 참고하시기 바랍니다.

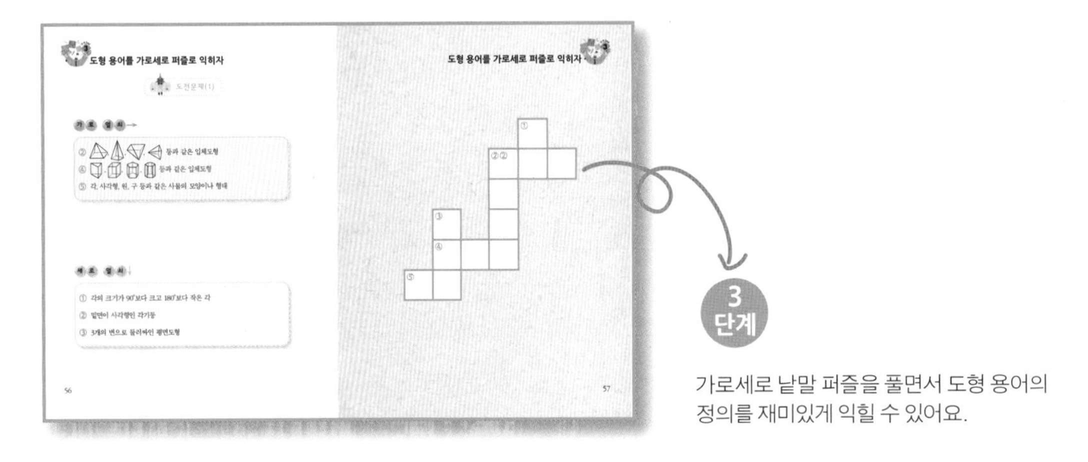

도형 용어를 가로세로 퍼즐로 익히자

도전문제(1)

가로 열쇠→

② (그림) 등과 같은 입체도형

④ (그림) 등과 같은 입체도형

⑤ 각, 사각형, 원, 구 등과 같은 사물의 모양이나 형태

세로 열쇠↓

① 각의 크기가 90°보다 크고 180°보다 작은 각

② 밑면이 사각형인 각기둥

③ 3개의 변으로 둘러싸인 평면도형

56

도형 용어를 가로세로 퍼즐로 익히자

57

가로세로 낱말 퍼즐을 풀면서 도형 용어의 정의를 재미있게 익힐 수 있어요.

4단계는 수형도나 벤다이어그램을 이용하여 개념들 사이의 위계관계와 포함관계를 보여 주고자 하였습니다. 수학 교과서에는 몇 개의 학기나 학년에 걸쳐 다양한 개념들이 제시되지만, 이들을 한자리에 소환하여 기준에 따라 분류하는 활동을 할 기회는 거의 없습니다. 더욱이 초등 교육과정에서는 도형 사이의 포함관계를 다루지 않도록 하고 있으며, 이에 따라 초등학교 수학 교과서에서는 벤다이어그램을 사용하지 않습니다. 그러나 중등 수학으로 들어서면 개념들 사이의 복잡한 관계를 다루어야 하므로 초등 수학을 마무리하는 단계에서 개념들 사이의 관계에 대해 경험해 보는 것은 필요합니다. 물론 이 단계를 예습용으로 사용하는 것도 좋습니다. '도형에는 평면도형과 입체도형이 있다. 그런데 오늘 학습할 내용은 평면도형이다.'와 같은 식의 생각을 하고 공부를 하는 것은 설계도를 가지고 집을 짓는 것과 같습니다. 그러니 이 단계를 예습용으로 사용하는 것을 겁낼 필요 없습니다. 빈칸을 채우지 못한다면 정답을 확인하면 되니까요.

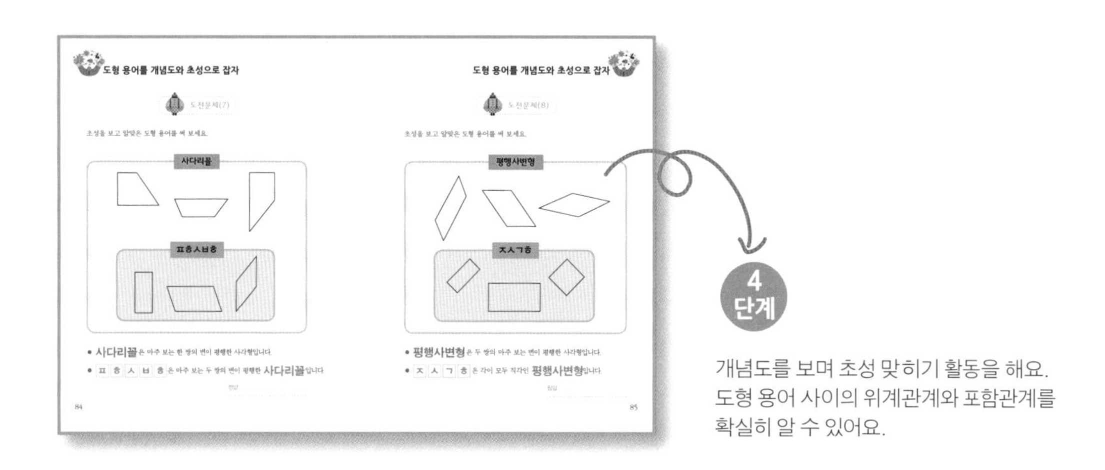

부록에는 이 책에서 다룬 도형 용어의 의미와 보기, 주의할 점 등이 사전 형태로 소개되어 있습니다. 1단계부터 4단계를 푸는 과정에서 도움이 필요할 때마다 펼쳐 보시기 바랍니다.

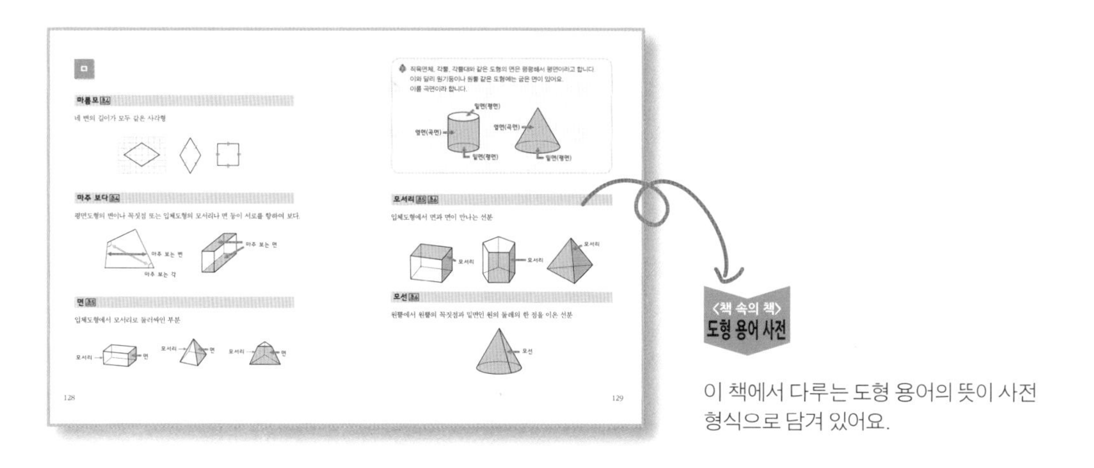

초등학교 수학 교과서에 나오는 도형 용어

㉠~㉢

가로	각	각기둥	각뿔	각뿔의 꼭짓점
겨냥도	곡선	구	구의 반지름	구의 중심
꼭짓점	높이	다각형	대각선	대응각
대응변	대응점	대칭	대칭축	도형
돌리기	둔각	둔각삼각형	뒤집기	

㉤~㉦

마름모	마주 보다	면	모서리	모선
밀기	밑면	밑변	반시계 방향	반직선
변	사각기둥	사각뿔	사각형	사다리꼴
삼각기둥	삼각뿔	삼각형	선대칭도형	선분
세로	수선	수직	시계 방향	

ⓞ

아랫변	옆면	예각	예각삼각형	오각기둥
오각뿔	오각형	원	원기둥	원뿔
원뿔의 꼭짓점	원의 중심	윗변	육각뿔	육각형
이등변삼각형	이웃하다	입체도형		

ⓙ~ⓗ

전개도	점대칭도형	정다각형	정사각형	정삼각형
정육면체	지름	직각	직각삼각형	직사각형
직선	직육면체	칠각형	팔각기둥	팔각형
평면도형	평행	평행사변형	평행선	평행선 사이의 거리
합동				

도형 용어와 친해지자

도형 용어가 처음에는 낯설 수도 있어요.

숨어 있는 용어 찾기 퍼즐로 도형 용어와 친해져 보아요.

1 도형 용어와 친해지자

예시문제

글자판에서 보기 에 있는 도형 용어를 찾아 보세요.

'원'과 '원의 중심'은 따로 찾아야 해요.

도형 용어들이 저마다 가로, 세로, 대각선으로 놓여 있어요.

나	비	틀	본	네	소	파	초	록	색
뭇	원	사	리	삼	탁	꽃	감	원	종
가	요	탁	자	각	자	대	자	의	이
지	소	오	각	형	꽃	높	탕	중	가
의	사	게	호	리	병	이	김	심	위
자	석	꽃	잎	나	무	빨	치	과	일
책	시	도	사	마	주	보	다	수	도
상	자	계	라	돛	단	배	옥	원	토
하	달	리	방	지	감	각	기	둥	리
늘	꿈	소	리	향	사	월	두	드	리

각기둥, 높이, 마주 보다, 삼각형, 시계 방향, 오각형, 원, 원의 중심

글자판에서 보기 에 있는 도형 용어를 찾아 보세요.

실	험	관	찰	바	나	나	수	선	화
수	도	형	동	그	라	미	의	사	추
관	해	바	라	기	곡	선	소	통	리
심	예	상	반	물	체	분	성	질	타
탐	불	완	전	직	플	라	스	틱	조
구	직	각	정	밀	선	형	질	형	통
분	동	식	물	금	성	파	인	애	플
류	물	지	구	각	화	성	예	각	별
직	선	초	식	동	물	수	학	책	둔
기	준	코	스	모	스	민	들	레	각

도형, 곡선, 선분, 직선, 반직선, 각, 직각, 예각, 둔각

1 도형 용어와 친해지자

글자판에서 보기 에 있는 도형 용어를 찾아 보세요.

탈	바	꿈	번	데	기	곤	충	딸	도
사	변	개	구	리	거	북	꼭	기	룡
슴	날	개	밑	이	부	화	채	짓	농
벌	아	랫	변	오	이	무	송	제	점
레	배	추	흰	나	비	화	화	비	참
애	밑	면	개	미	높	과	토	옆	새
벌	레	선	인	장	이	가	끼	목	면
레	몬	블	루	베	리	시	목	성	꿩
상	추	깻	잎	제	비	고	덜	토	윗
면	장	수	풍	뎅	이	기	미	성	변

변, 아랫변, 윗변, 밑변, 높이, 면, 밑면, 옆면, 꼭짓점

글자판에서 보기 에 있는 도형 용어를 찾아 보세요.

각	시	소	삼	각	뿔	동	서	남	북
북	기	굴	착	기	영	토	주	사	짜
극	적	둥	북	유	럽	지	권	각	장
해	도	참	외	아	오	이	사	뿔	면
남	아	메	리	카	메	각	토	마	토
치	즈	삼	각	기	둥	리	기	지	육
아	프	리	카	떡	볶	이	카	둥	각
오	각	뿔	오	세	아	니	아	대	뿔
북	유	럽	각	뿔	의	꼭	짓	점	륙
각	뿔	아	시	아	구	름	별	하	늘

각기둥, 삼각기둥, 오각기둥, 각뿔, 각뿔의 꼭짓점, 삼각뿔, 사각뿔,
오각뿔, 육각뿔

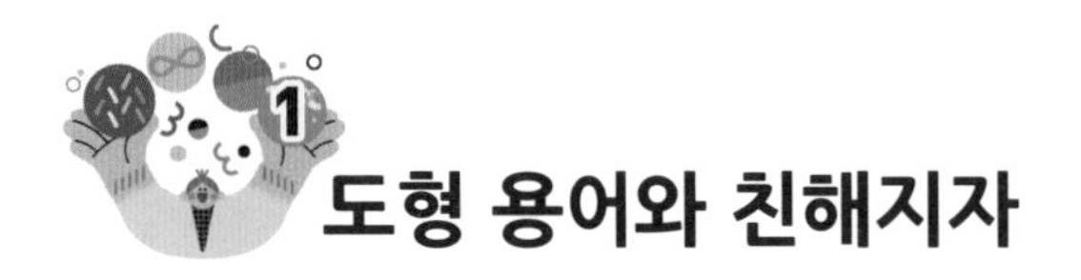

도형 용어와 친해지자

글자판에서 보기 에 있는 도형 용어를 찾아 보세요.

사	경	기	도	강	원	도	정	서	울
광	다	오	렌	지	제	서	삼	부	평
주	환	리	얼	목	주	귀	각	산	행
스	경	음	꼴	포	도	포	형	대	사
파	이	등	변	삼	각	형	오	전	변
게	장	피	자	이	천	쌀	징	영	형
티	마	름	모	울	정	서	어	남	호
인	천	전	주	산	우	사	속	초	남
직	사	각	형	라	면	유	각	설	탕
바	다	수	평	선	평	면	도	형	릉

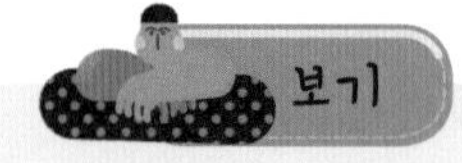

평행사변형, 사다리꼴, 마름모, 직사각형, 정사각형, 이등변삼각형, 정삼각형, 평면도형

글자판에서 보기 에 있는 도형 용어를 찾아 보세요.

온	도	평	행	전	도	단	열	알	평
실	대	백	반	수	북	극	성	코	행
적	평	류	도	선	별	자	리	올	선
외	액	행	체	위	입	체	도	형	기
선	곰	주	선	성	장	성	화	성	체
세	팡	산	성	사	이	다	은	하	수
균	이	민	들	레	이	물	태	양	계
전	세	가	열	수	학	의	겨	지	구
개	균	팽	창	직	초	콜	거	냥	상
도	자	외	선	아	이	스	크	리	도

평행, 수직, 수선, 평행선, 평행선 사이의 거리, 겨냥도, 전개도, 입체도형

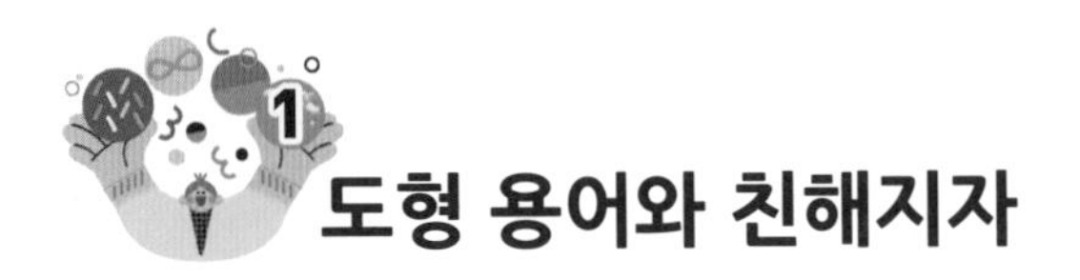

도형 용어와 친해지자

도전문제(6)

글자판에서 보기 에 있는 도형 용어를 찾아 보세요.

정	수	현	미	경	예	각	삼	각	형
육	학	자	고	강	수	량	무	더	위
면	사	차	드	장	마	직	아	메	바
체	랑	지	름	사	계	절	육	가	뭄
컴	돋	열	팔	팥	둔	직	명	면	꽃
퓨	보	대	각	빙	여	각	환	경	체
터	기	기	기	수	름	삼	삼	보	존
사	각	기	둥	가	을	각	봄	각	벌
폭	설	초	가	지	붕	형	우	동	형
번	개	우	박	우	산	짚	신	기	차

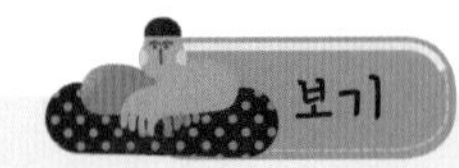
보기

예각삼각형, 직각삼각형, 둔각삼각형, 사각기둥, 직육면체,
정육면체, 팔각기둥

글자판에서 보기 에 있는 도형 용어를 찾아 보세요.

일	삼	논	오	건	강	한	생	활	정
기	기	각	밭	각	기	상	특	보	다
예	우	풍	형	평	형	인	권	존	각
보	제	년	안	화	복	숭	아	중	형
사	각	형	전	체	리	다	랑	어	포
자	전	거	수	준	법	각	신	통	도
횡	칠	신	칙	팔	각	형	사	신	정
단	각	호	환	경	보	전	임	당	보
보	형	등	저	작	권	믿	육	각	형
도	배	려	모	서	리	음	자	신	감

삼각형, 사각형, 오각형, 육각형, 칠각형, 팔각형, 다각형, 정다각형, 모서리

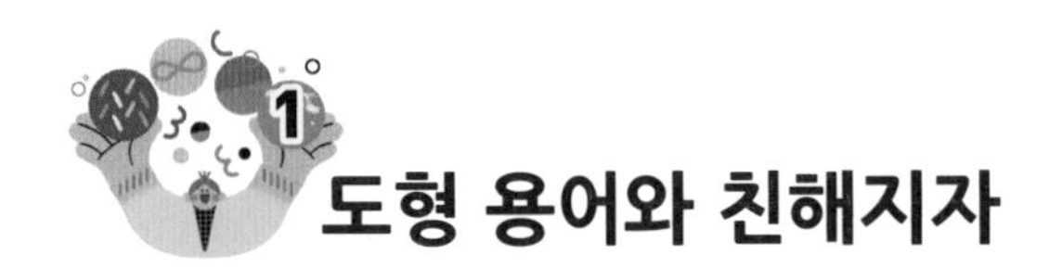

도형 용어와 친해지자

글자판에서 보기 에 있는 도형 용어를 찾아 보세요.

헌	원	뿔	의	꼭	짓	점	이	순	신
법	청	소	년	참	정	권	반	지	름
국	민	주	권	교	육	세	종	대	왕
원	지	방	자	치	국	원	거	북	선
기	재	판	소	구	방	대	의	민	조
둥	우	지	공	공	이	익	정	중	선
인	정	숙	름	역	사	구	의	중	심
간	자	신	감	백	제	신	라	가	야
존	원	고	조	선	진	달	래	모	리
엄	발	해	원	뿔	장	미	개	나	선

구, 구의 중심, 원, 원의 중심, 지름, 반지름, 원기둥, 원뿔,
원뿔의 꼭짓점, 모선

글자판에서 보기 에 있는 도형 용어를 찾아 보세요.

시	양	배	구	축	구	뒤	발	레	반
계	궁	추	테	니	스	집	무	용	시
방	육	상	고	돌	리	기	레	태	계
향	수	영	야	래	우	유	슬	권	방
다	이	빙	구	마	라	이	링	도	향
강	아	지	배	드	민	턴	웃	아	지
밀	기	고	양	이	원	반	던	하	기
가	소	중	대	파	마	마	주	보	다
루	금	양	파	각	늘	높	이	뛰	기
올	림	픽	대	파	선	멀	리	뛰	기

돌리기, 뒤집기, 밀기, 이웃하다, 마주 보다, 대각선, 시계 방향, 반시계 방향

1 도형 용어와 친해지자

글자판에서 보기 에 있는 도형 용어를 찾아 보세요.

제	합	동	생	김	새	협	동	대	햄
비	비	둘	기	대	병	아	리	응	스
점	갈	매	기	닭	칭	여	우	각	터
대	부	대	나	무	하	이	에	나	선
칭	엉	오	응	상	어	돌	고	래	대
도	이	소	다	변	사	육	사	동	칭
형	사	리	람	사	료	초	원	물	도
인	랑	대	쥐	대	응	점	인	원	형
내	성	실	학	생	칭	존	중	결	과
신	뢰	우	정	교	인	축	관	계	정

합동, 대응각, 대응변, 대응점, 대칭, 대칭축, 선대칭도형, 점대칭도형

도형 용어를 그림으로 익히자

도형을 보면서 그에 맞는 용어를 추리해 가는 과정이에요.

추리하는 동안 도형 용어 개념을 익힐 수 있어요.

2 도형 용어를 그림으로 익히자

예시문제 도형 A의 이름은 무엇일까요?

첫 번째 고개 다음 도형들은 A입니다.

두 번째 고개 다음 도형들은 A가 아닙니다.

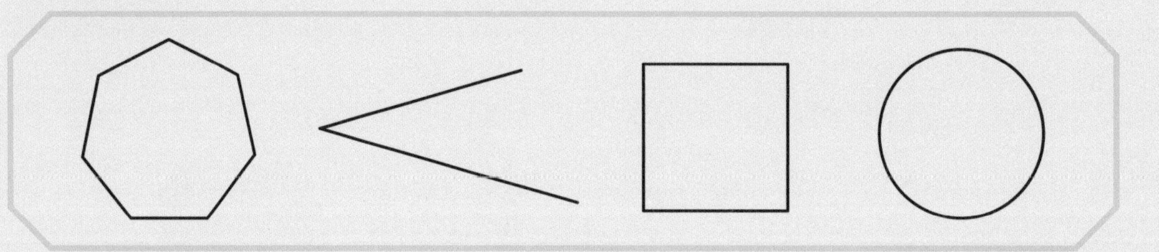

세 번째 고개 다음 도형 중에 A를 모두 찾아 보세요.

<도형 용어 사전>을 보면 좀 더 쉽게 답을 찾을 수 있어요.

A의 이름은 ㅅ ㄱ ㅎ 입니다.

정답 삼각형

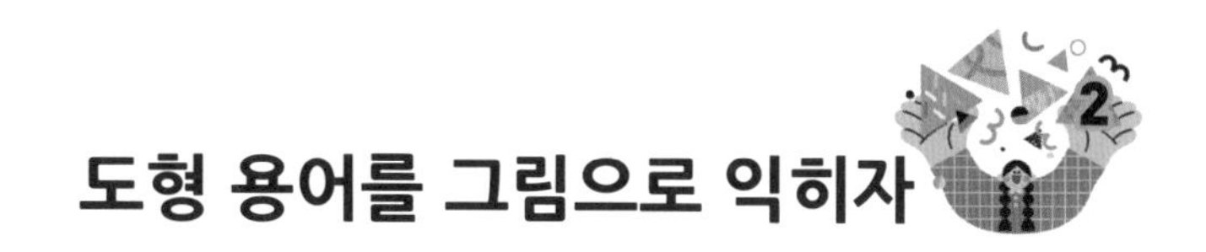

도형 **A**의 이름은 무엇일까요?

첫 번째 고개 다음 도형들은 **A**입니다.

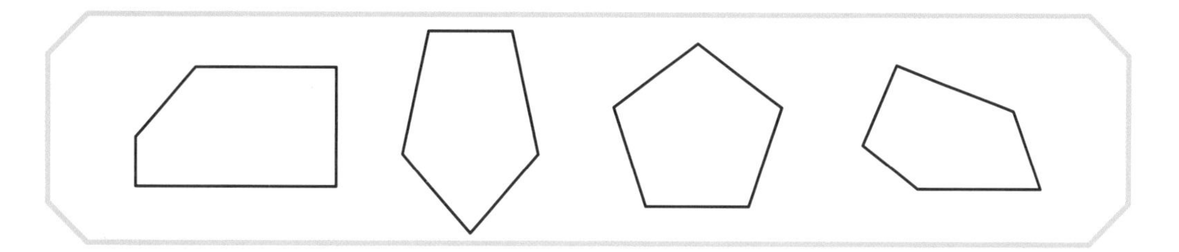

두 번째 고개 다음 도형들은 **A**가 아닙니다.

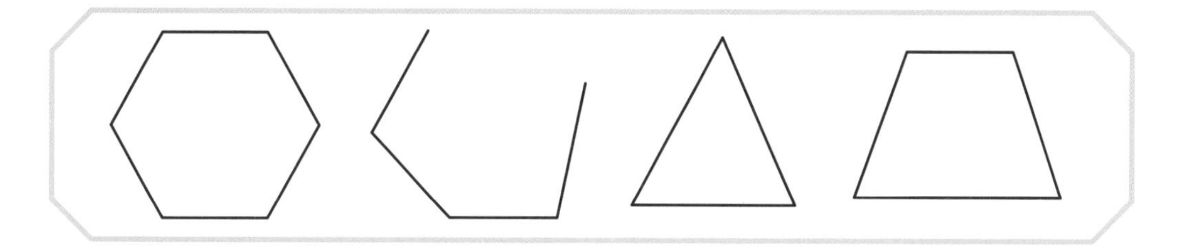

세 번째 고개 다음 도형 중에 **A**를 모두 찾아 보세요.

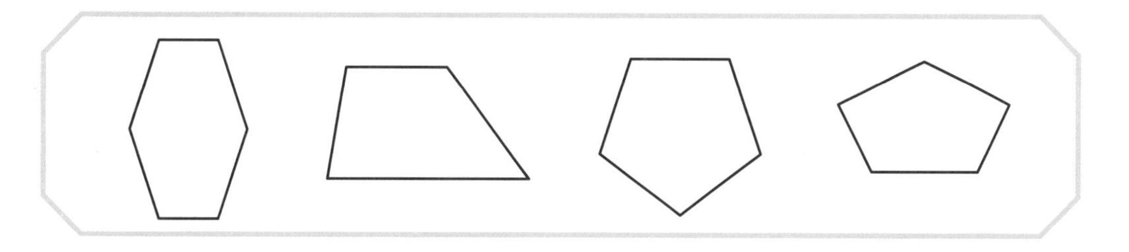

A의 이름은 ㅇ ㄱ ㅎ 입니다.

정답

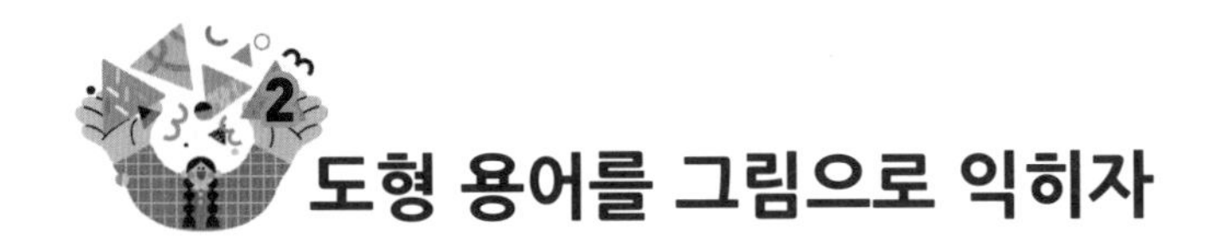

도형 용어를 그림으로 익히자

도전문제(2) 도형 B의 이름은 무엇일까요?

첫 번째 고개 다음 도형들은 B입니다.

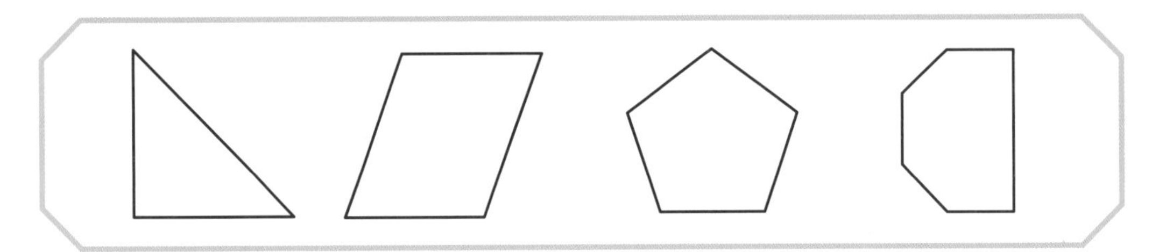

두 번째 고개 다음 도형들은 B가 아닙니다.

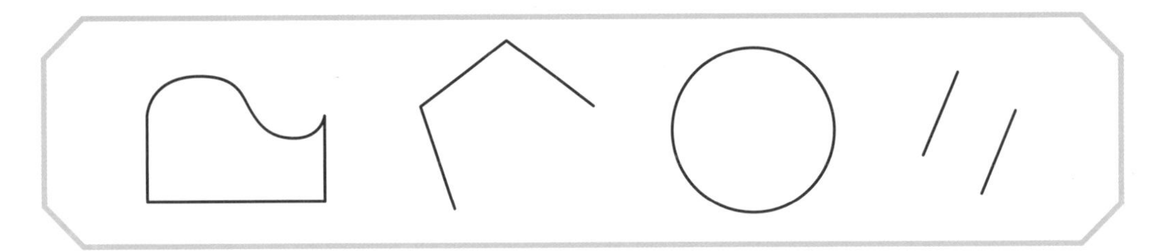

세 번째 고개 다음 도형 중에 B를 모두 찾아 보세요.

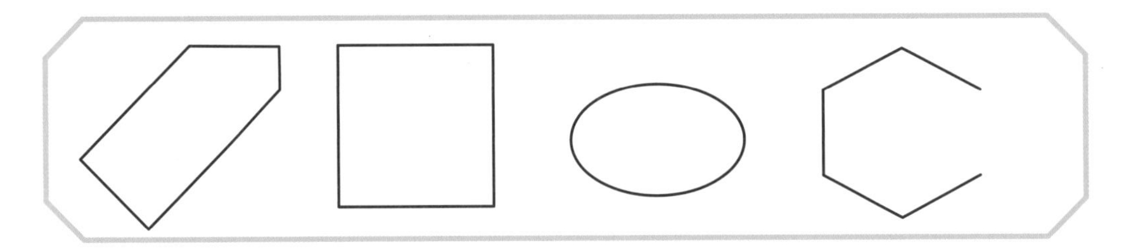

B의 이름은 ㄷ ㄱ ㅎ 입니다.

정답 ______________________

도형 C의 이름은 무엇일까요?

첫 번째 고개 다음 도형들은 C입니다.

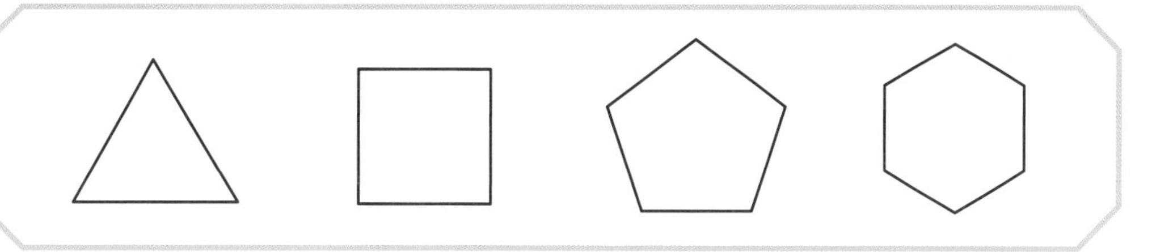

두 번째 고개 다음 도형들은 C가 아닙니다.

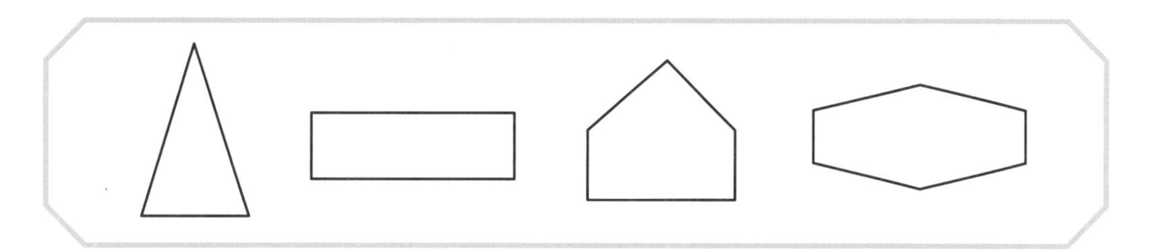

세 번째 고개 다음 도형 중에 C를 모두 찾아 보세요.

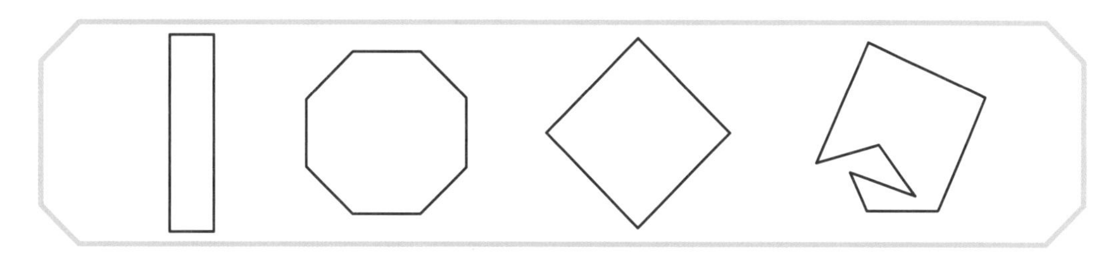

C의 이름은 **ㅈ** **ㄷ** **ㄱ** **ㅎ** 입니다.

정답 ______________________

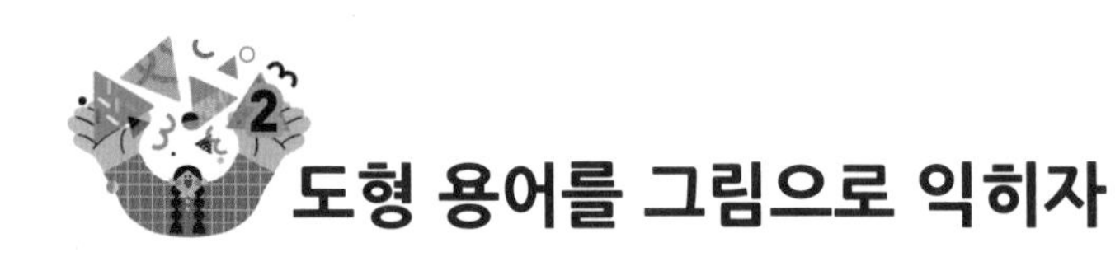

도형 용어를 그림으로 익히자

도전문제(4) 도형 D의 이름은 무엇일까요?

첫 번째 고개 다음 도형들은 D입니다.

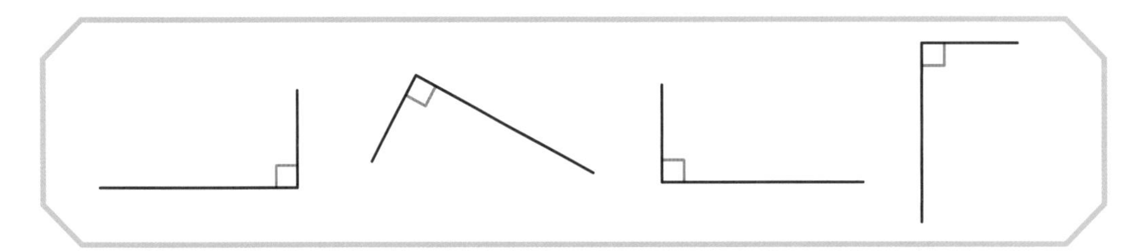

두 번째 고개 다음 도형들은 D가 아닙니다.

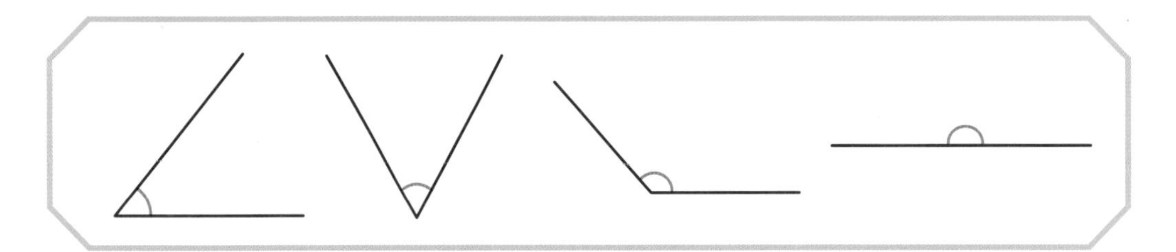

세 번째 고개 다음 도형 중에 D를 모두 찾아 보세요.

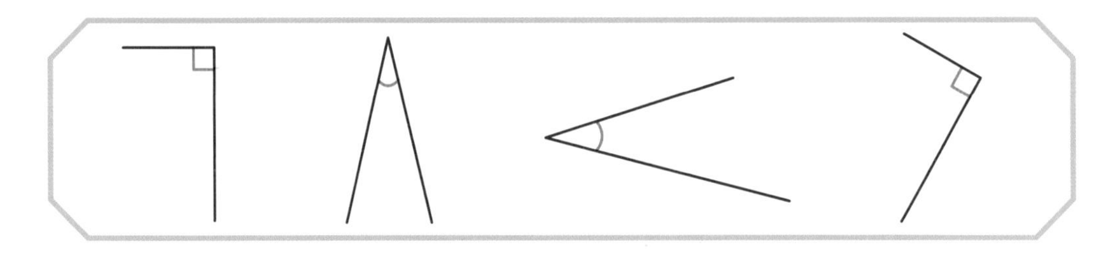

D의 이름은 ㅈ ㄱ 입니다.

정답

도형 E의 이름은 무엇일까요?

첫 번째 고개 다음 도형들은 E입니다.

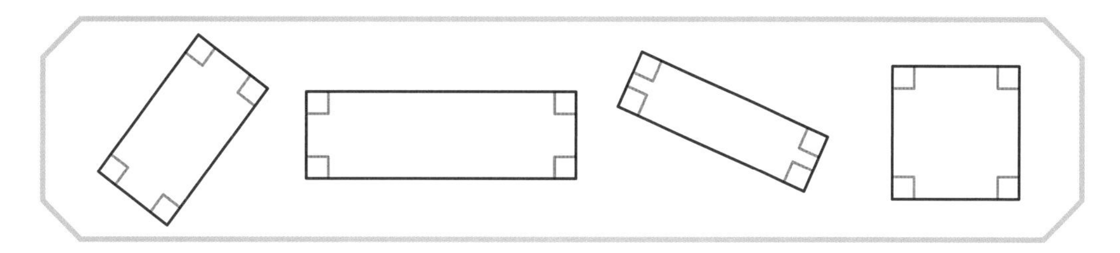

두 번째 고개 다음 도형들은 E가 아닙니다.

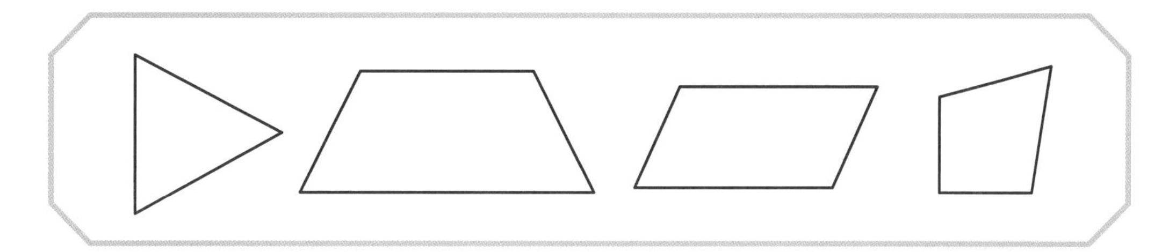

세 번째 고개 다음 도형 중에 E를 모두 찾아 보세요.

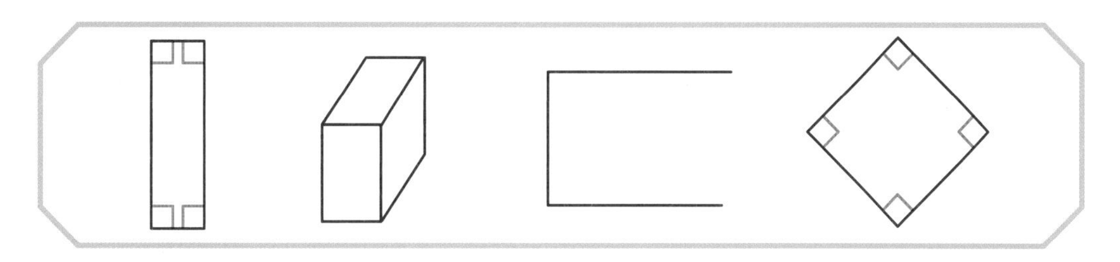

E의 이름은 ㅈ ㅅ ㄱ ㅎ 입니다.

정답 ______________

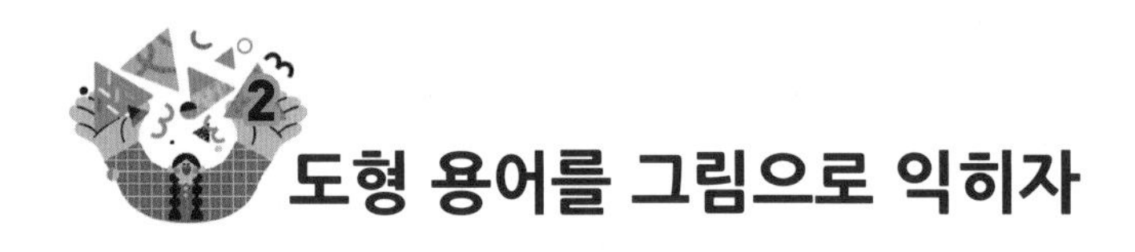

도형 용어를 그림으로 익히자

도전문제(6) 도형 F의 이름은 무엇일까요?

첫 번째 고개 다음 도형들은 F입니다.

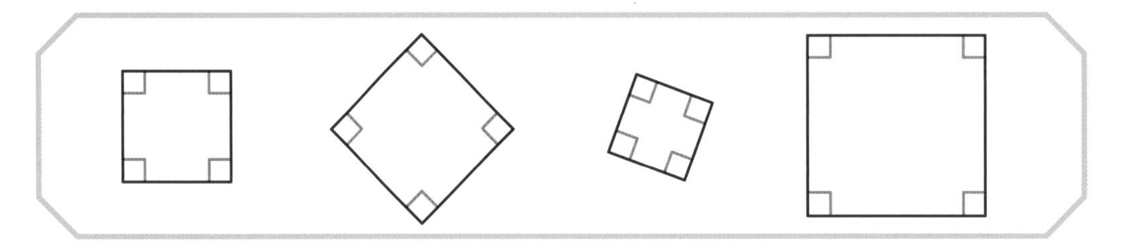

두 번째 고개 다음 도형들은 F가 아닙니다.

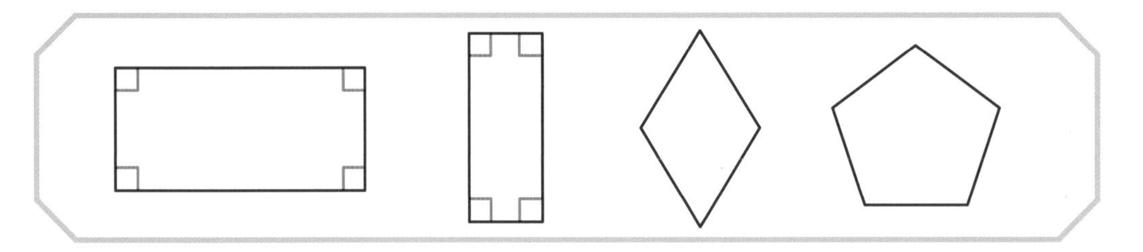

세 번째 고개 다음 도형 중에 F를 모두 찾아 보세요.

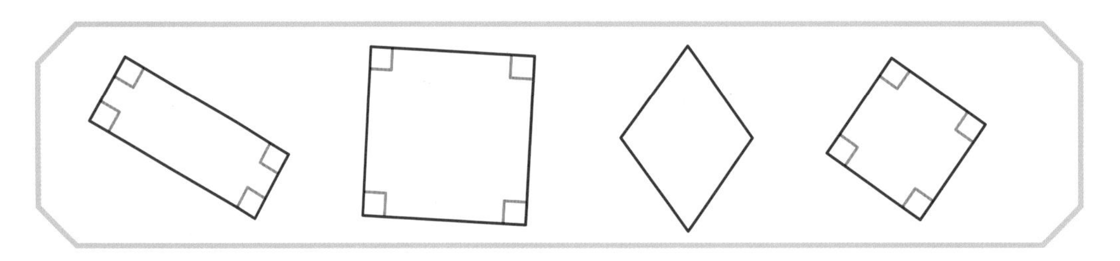

F의 이름은 ㅈ ㅅ ㄱ ㅎ 입니다. 정답 ________________

도형 G의 이름은 무엇일까요?

첫 번째 고개 다음 도형들은 G입니다.

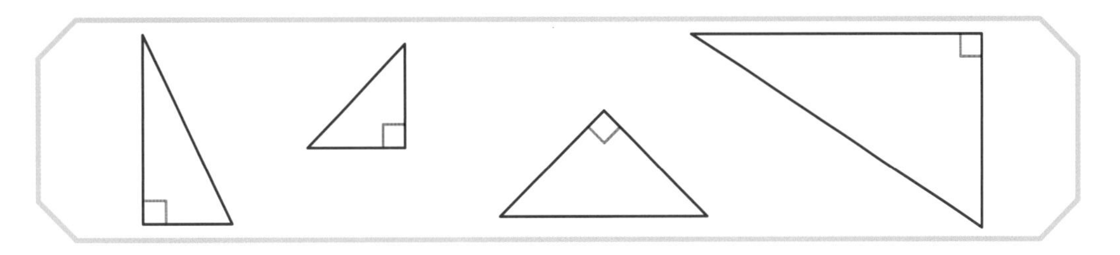

두 번째 고개 다음 도형들은 G가 아닙니다.

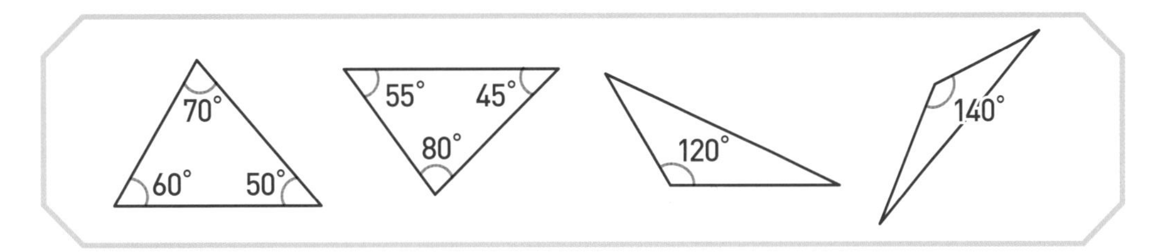

세 번째 고개 다음 도형 중에 G를 모두 찾아 보세요.

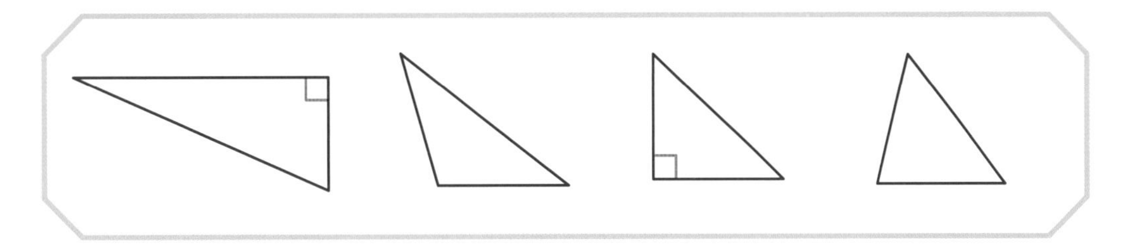

G의 이름은 ㅈ ㄱ ㅅ ㄱ ㅎ 입니다. 정답

도형 용어를 그림으로 익히자

도전문제(8) 도형 H의 이름은 무엇일까요?

첫 번째 고개 다음 도형들은 H입니다.

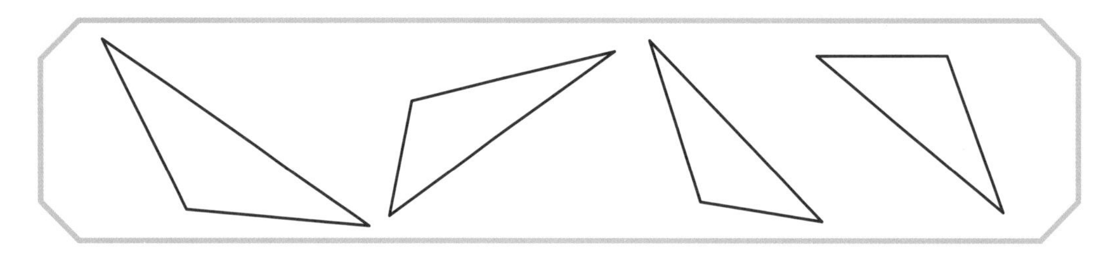

두 번째 고개 다음 도형들은 H가 아닙니다.

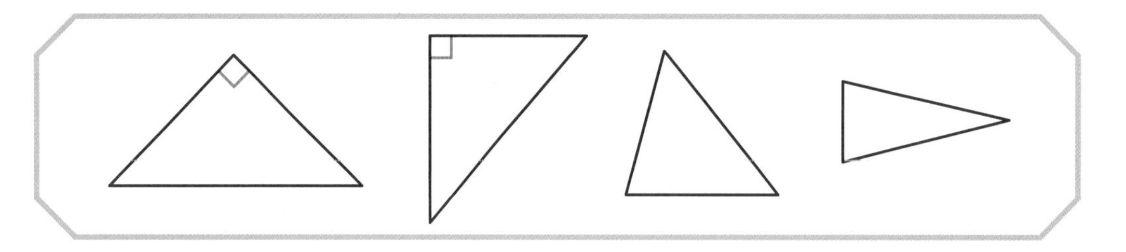

세 번째 고개 다음 도형 중에 H를 모두 찾아 보세요.

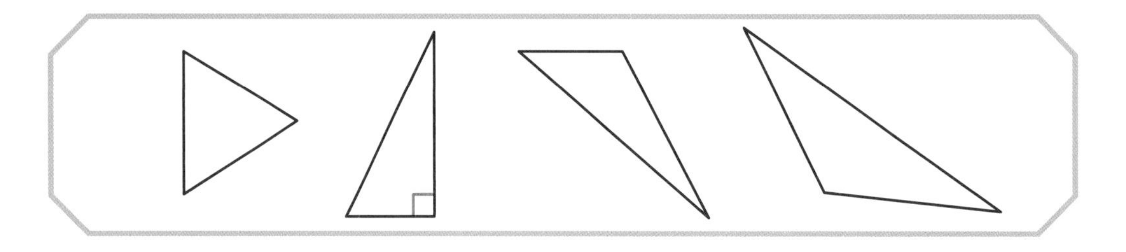

H의 이름은 [ㄷ] [ㄱ] [ㅅ] [ㄱ] [ㅎ] 입니다. 정답 ______________

도형 I의 이름은 무엇일까요?

첫 번째 고개 다음 도형들은 I입니다.

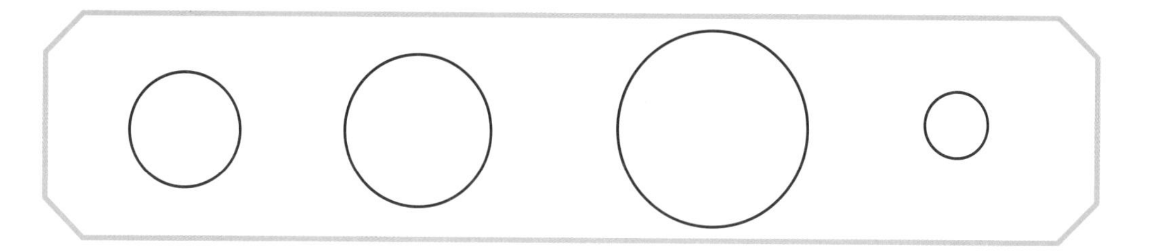

두 번째 고개 다음 도형들은 I가 아닙니다.

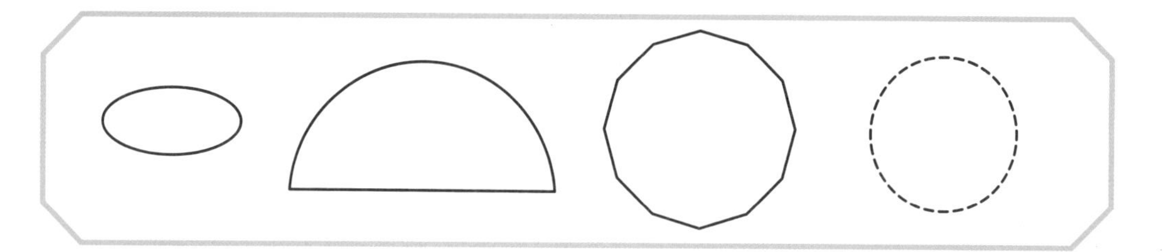

세 번째 고개 다음 도형 중에 I를 모두 찾아 보세요.

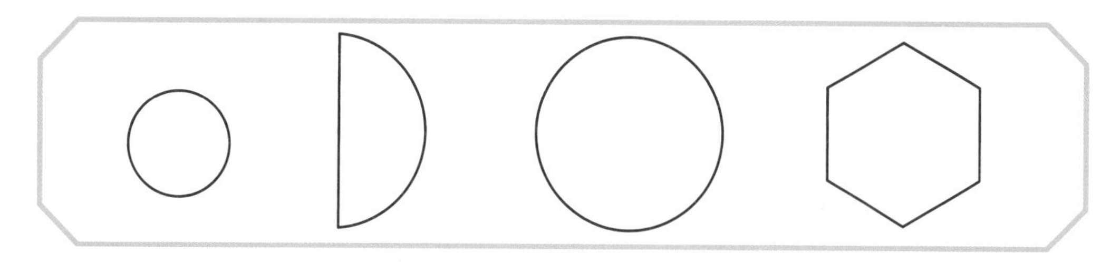

I의 이름은 ○ 입니다.

정답

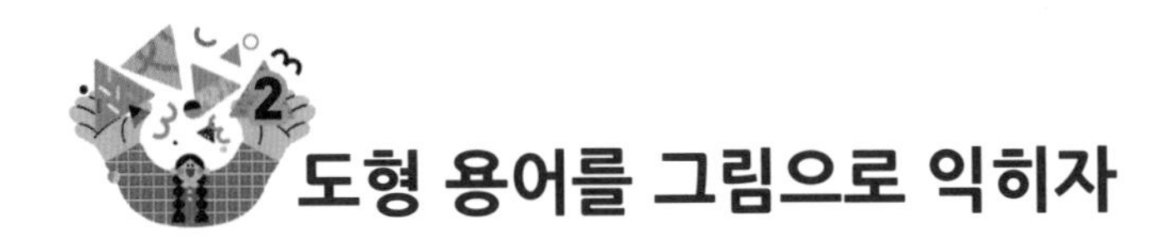

도형 용어를 그림으로 익히자

도전문제(10) 도형 J의 이름은 무엇일까요?

첫 번째 고개 다음 도형들은 J입니다.

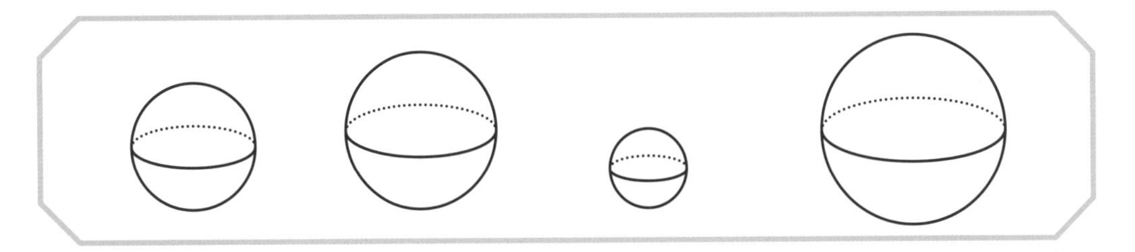

두 번째 고개 다음 도형들은 J가 아닙니다.

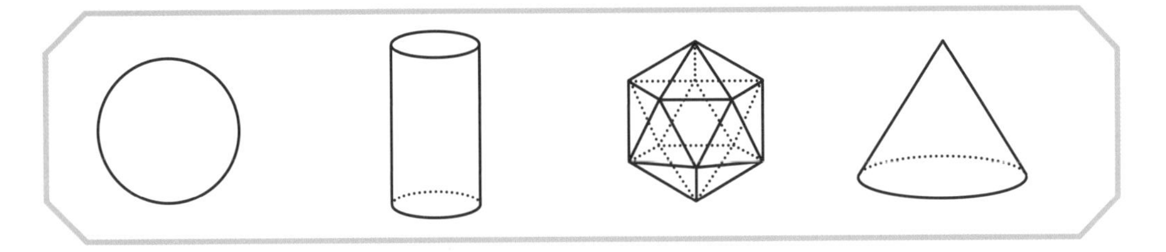

세 번째 고개 다음 도형 중에 J를 모두 찾아 보세요.

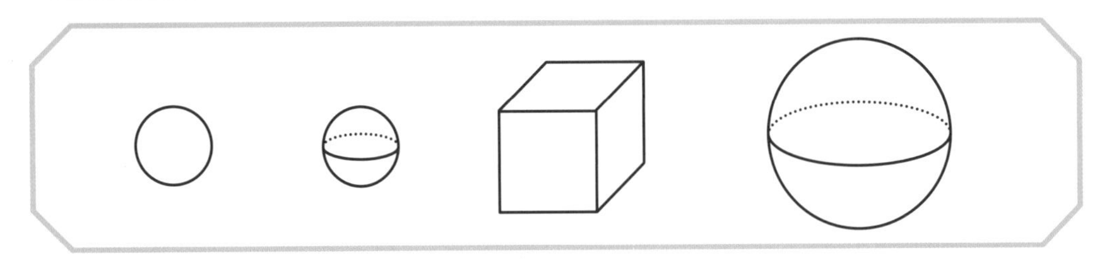

J의 이름은 ㄱ 입니다.

정답

도형 용어를 그림으로 익히자

도전문제(11) 도형 K의 이름은 무엇일까요?

첫 번째 고개 다음 도형들은 K입니다.

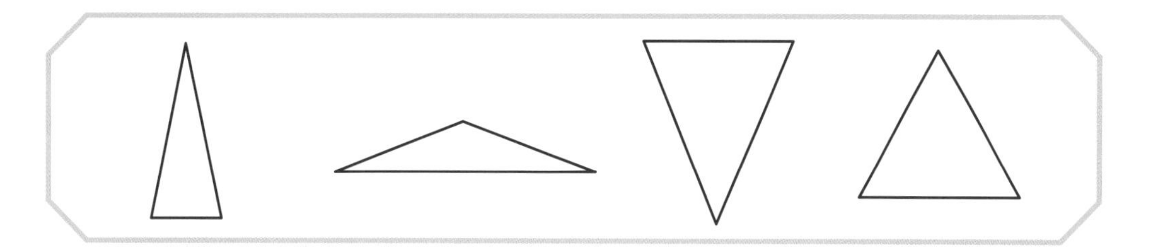

두 번째 고개 다음 도형들은 K가 아닙니다.

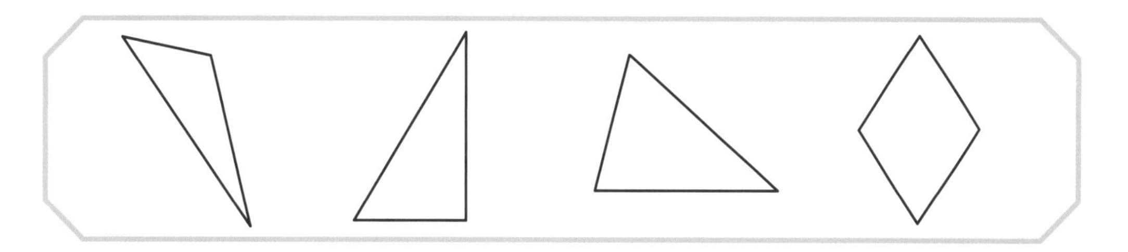

세 번째 고개 다음 도형 중에 K를 모두 찾아 보세요.

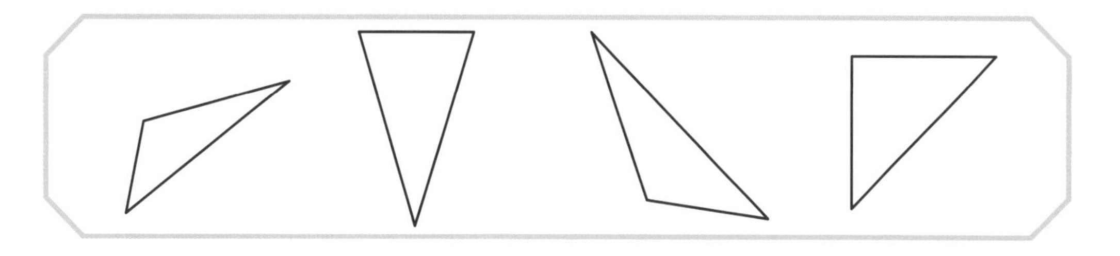

K의 이름은 ㅇ ㄷ ㅂ ㅅ ㄱ ㅎ 입니다.

정답

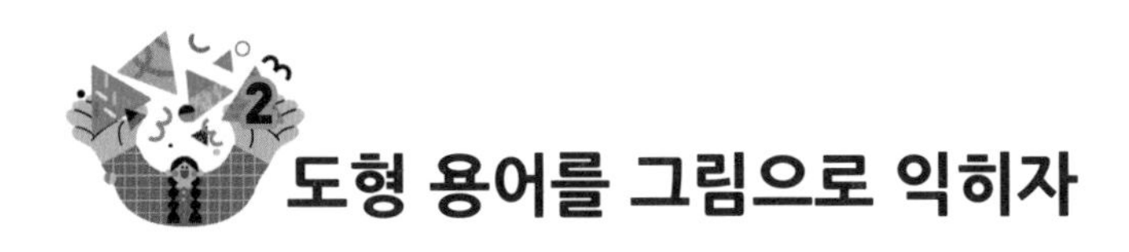

도형 용어를 그림으로 익히자

도전문제(12) 도형 L의 이름은 무엇일까요?

첫 번째 고개 다음 도형들은 L입니다.

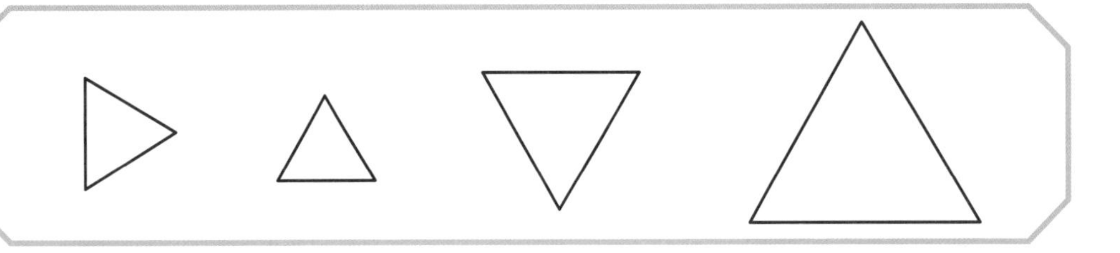

두 번째 고개 다음 도형들은 L이 아닙니다.

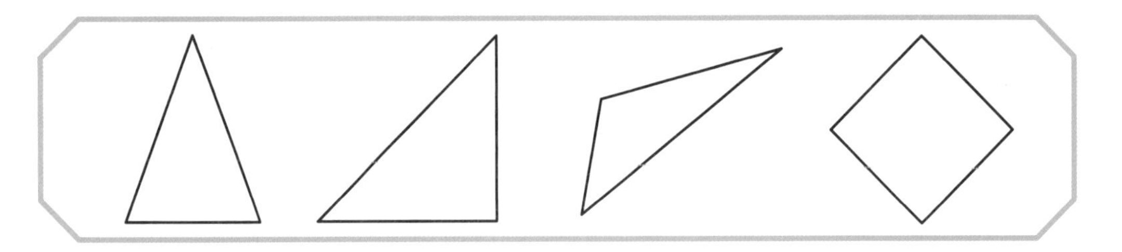

세 번째 고개 다음 도형 중에 L을 모두 찾아 보세요.

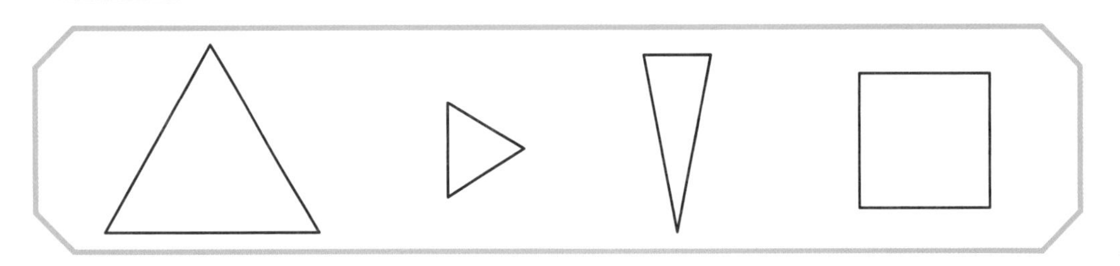

L의 이름은 ㅈ ㅅ ㄱ ㅎ 입니다. 정답 ______________

도형 M의 이름은 무엇일까요?

첫 번째 고개 다음 도형들은 M입니다.

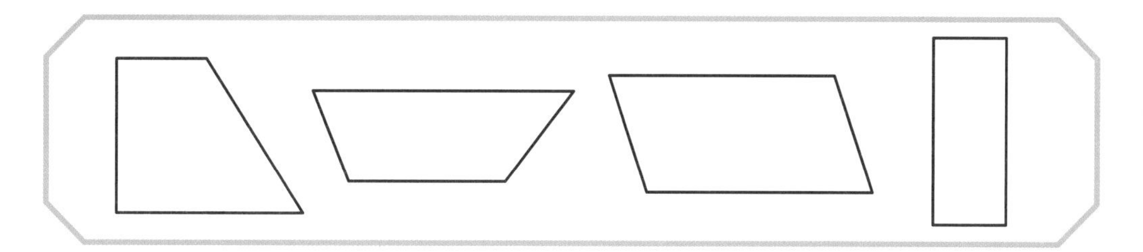

두 번째 고개 다음 도형들은 M이 아닙니다.

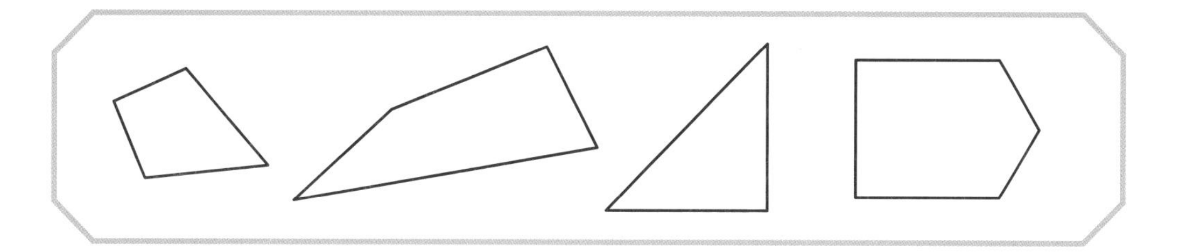

세 번째 고개 다음 도형 중에 M을 모두 찾아 보세요.

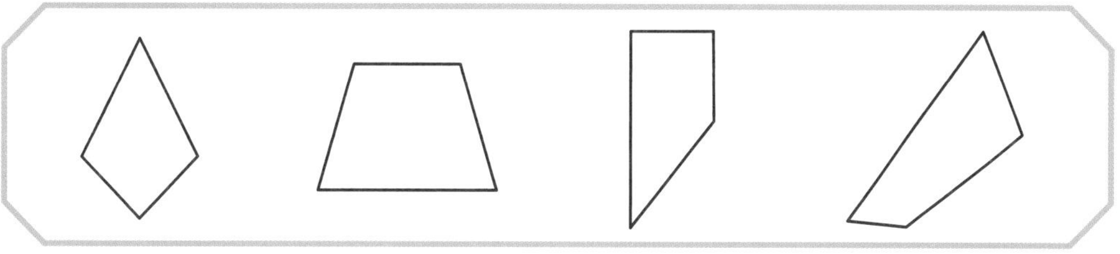

M의 이름은 ㅅ ㄷ ㄹ ㄲ 입니다. 정답 ______

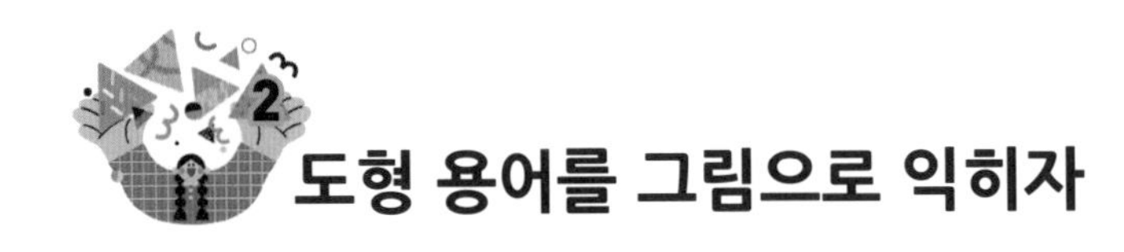

도형 용어를 그림으로 익히자

도전문제(14) 도형 N의 이름은 무엇일까요?

첫 번째 고개 다음 도형들은 N입니다.

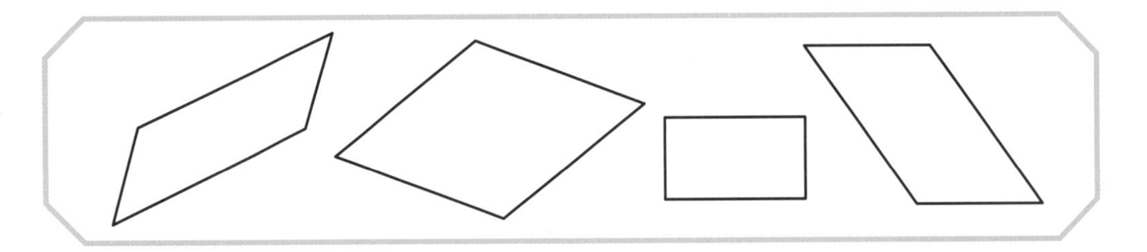

두 번째 고개 다음 도형들은 N이 아닙니다.

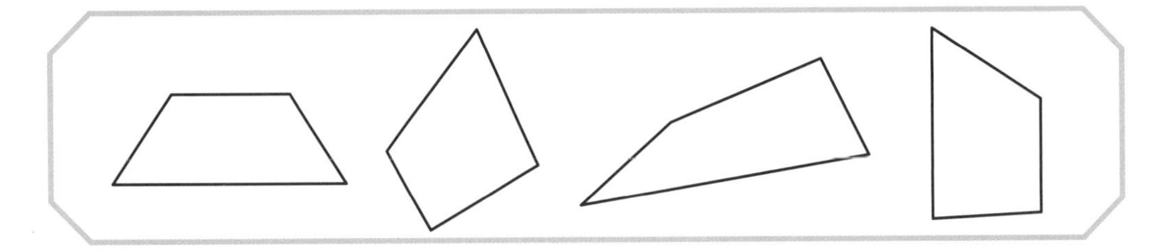

세 번째 고개 다음 도형 중에 N을 모두 찾아 보세요.

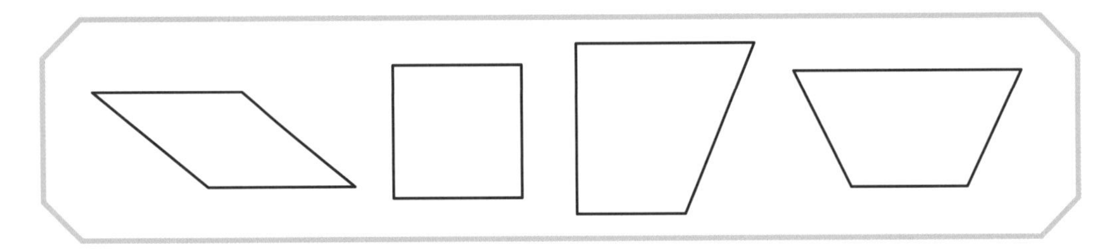

N의 이름은 ㅍ ㅎ ㅅ ㅂ ㅎ 입니다. 정답 ____________

도전문제(15) 도형 O의 이름은 무엇일까요?

첫 번째 고개 다음 도형들은 O입니다.

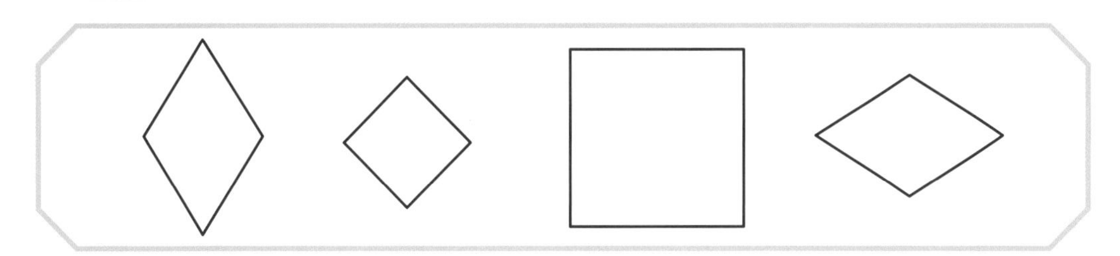

두 번째 고개 다음 도형들은 O가 아닙니다.

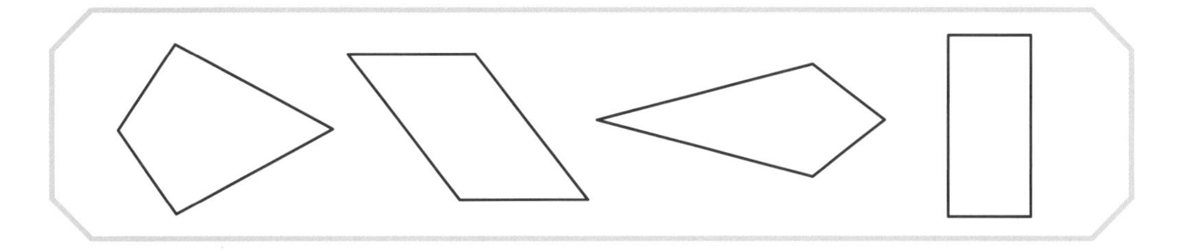

세 번째 고개 다음 도형 중에 O를 모두 찾아 보세요.

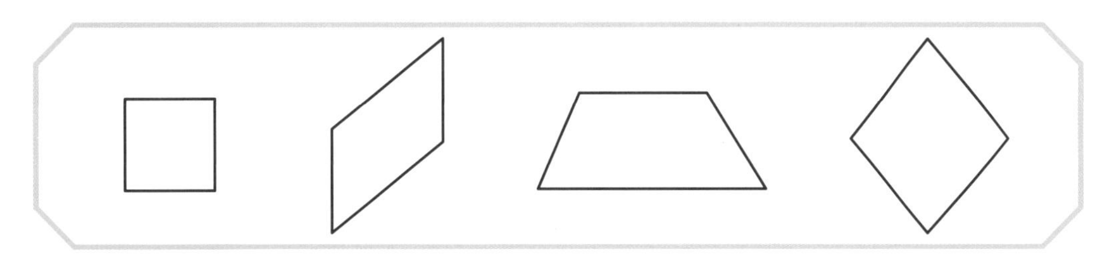

O의 이름은 ㅁ ㄹ ㅁ 입니다.

정답

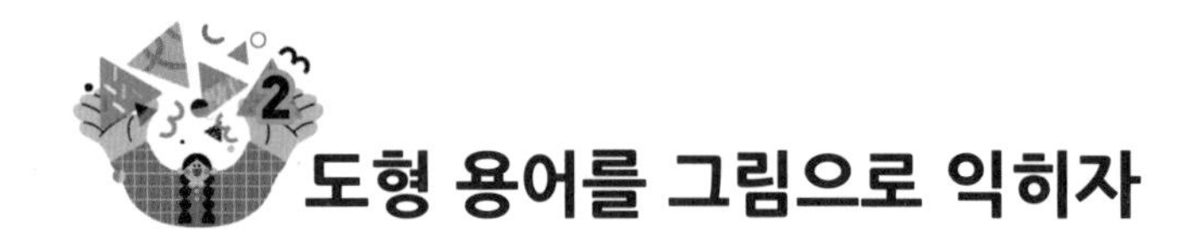

도형 용어를 그림으로 익히자

도전문제(16) 도형 **P**의 이름은 무엇일까요?

첫 번째 고개 다음 도형들은 **P**입니다.

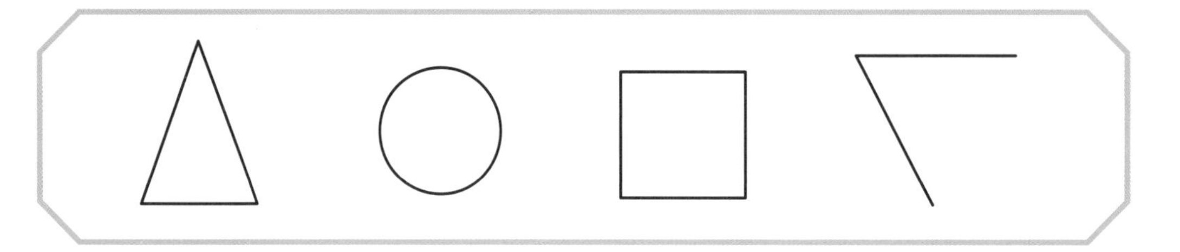

두 번째 고개 다음 도형들은 **P**가 아닙니다.

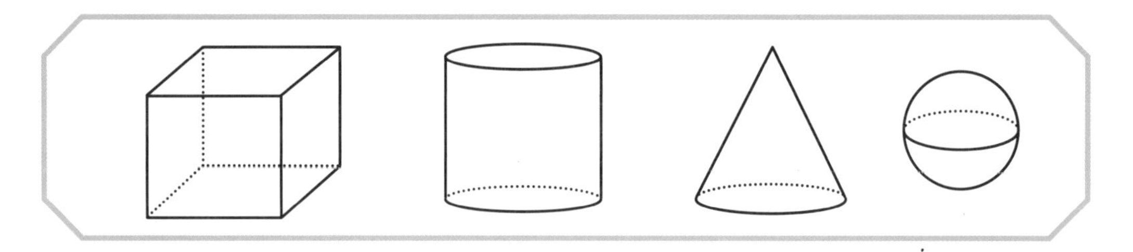

세 번째 고개 다음 도형 중에 **P**를 모두 찾아 보세요.

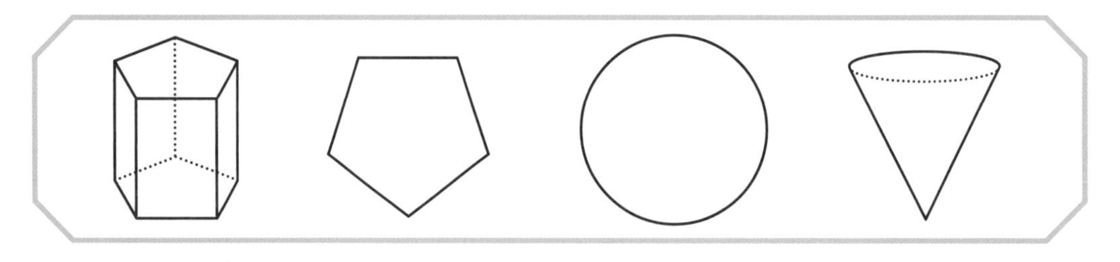

P의 이름은 [ㅍ] [ㅁ] [ㄷ] [ㅎ] 입니다.

정답 ______________________

도전문제(17) 도형 Q의 이름은 무엇일까요?

첫 번째 고개 다음 도형들은 Q입니다.

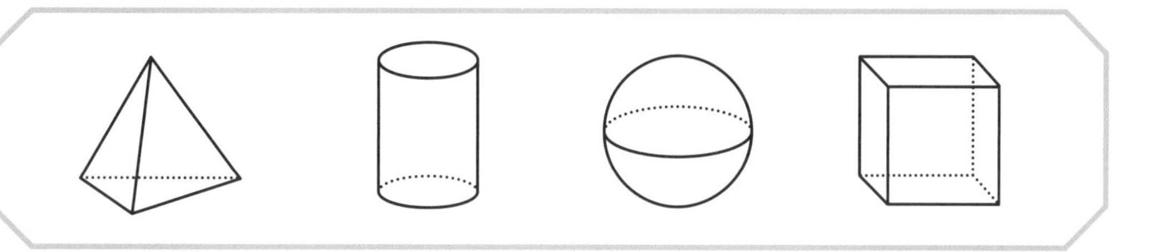

두 번째 고개 다음 도형들은 Q가 아닙니다.

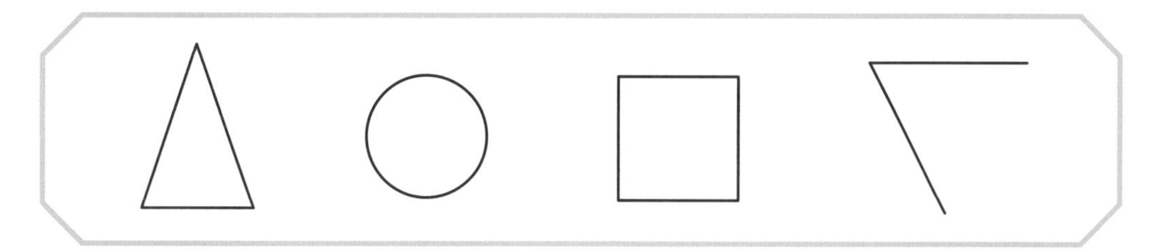

세 번째 고개 다음 도형 중에 Q를 모두 찾아 보세요.

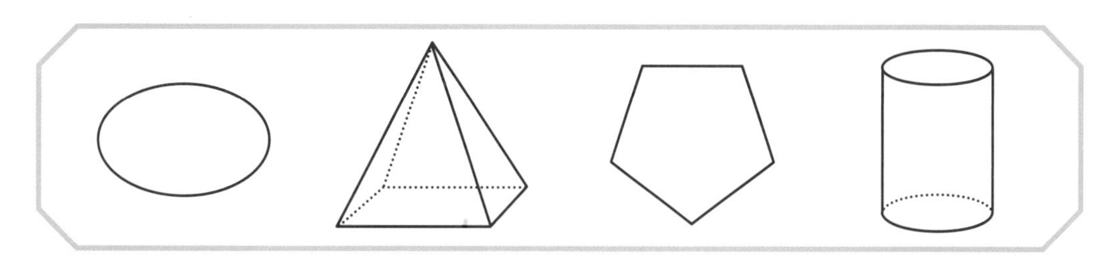

Q의 이름은 ㅇ ㅊ ㄷ ㅎ 입니다. 정답 ________

도형 용어를 그림으로 익히자

도전문제(18) 도형 R의 이름은 무엇일까요?

첫 번째 고개 다음 도형들은 R입니다.

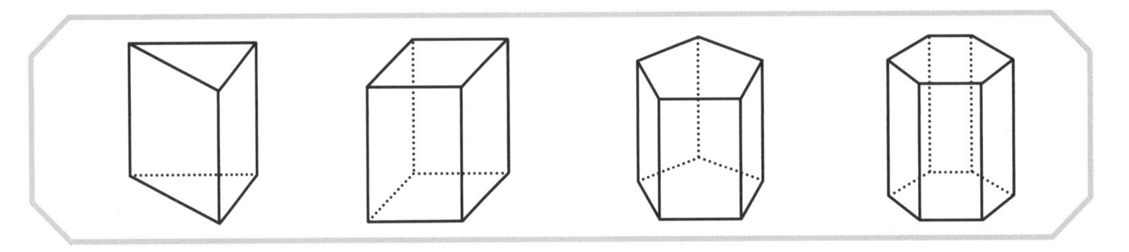

두 번째 고개 다음 도형들은 R이 아닙니다.

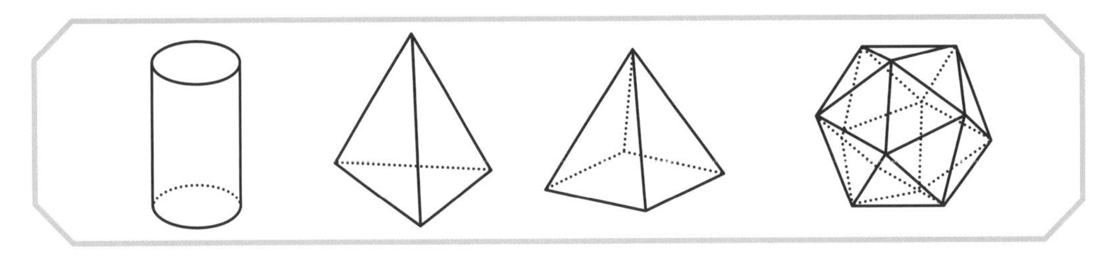

세 번째 고개 다음 도형 중에 R을 모두 찾아 보세요.

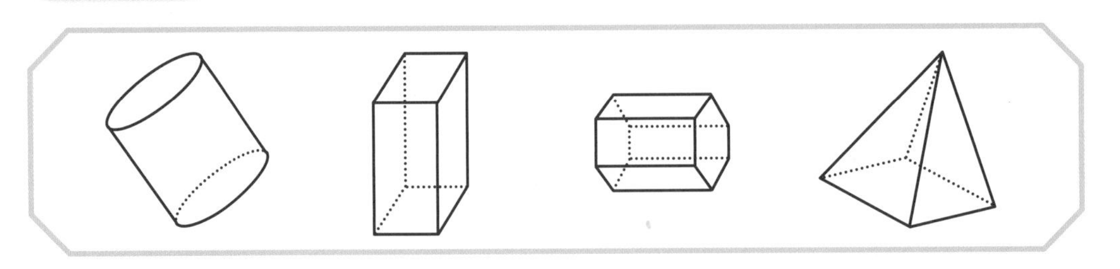

R의 이름은 ㄱ ㄱ ㄷ 입니다.

정답

도형 S의 이름은 무엇일까요?

첫 번째 고개 다음 도형들은 S입니다.

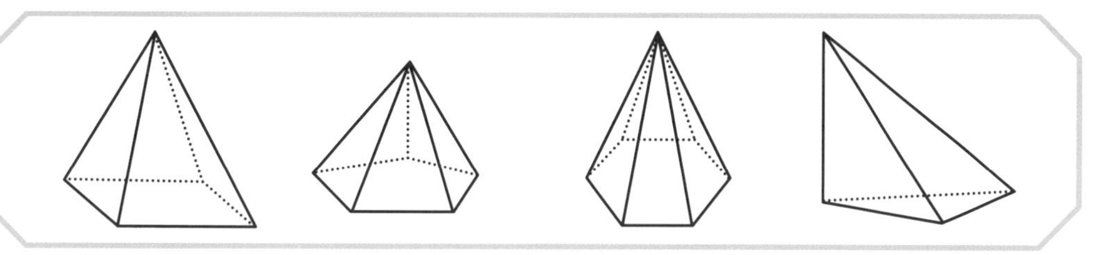

두 번째 고개 다음 도형들은 S가 아닙니다.

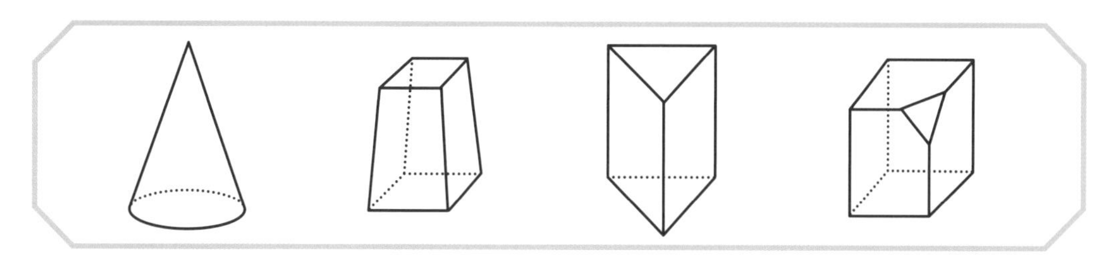

세 번째 고개 다음 도형 중에 S를 모두 찾아 보세요.

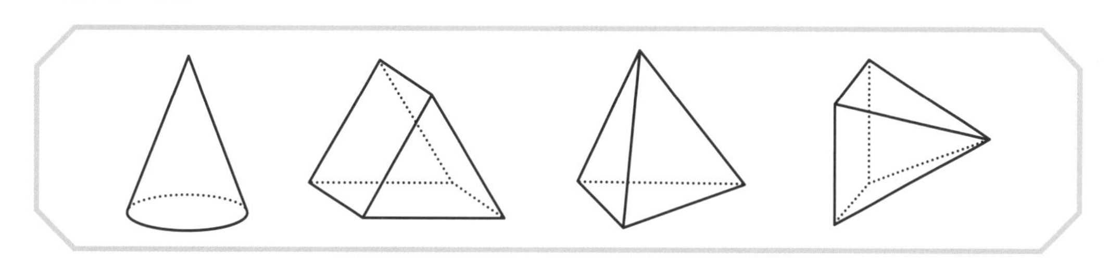

S의 이름은 ㄱ ㅃ 입니다.

정답

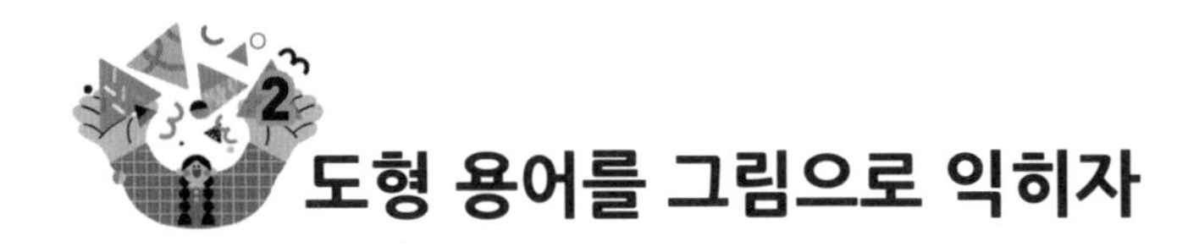

도형 용어를 그림으로 익히자

도전문제(20) 도형 T의 이름은 무엇일까요?

첫 번째 고개 다음 도형들은 T입니다.

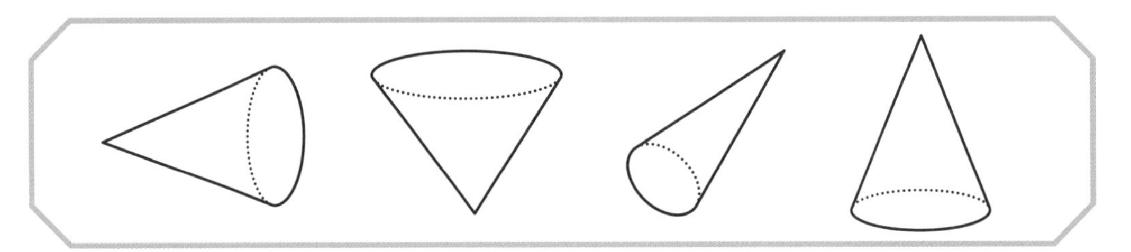

두 번째 고개 다음 도형들은 T가 아닙니다.

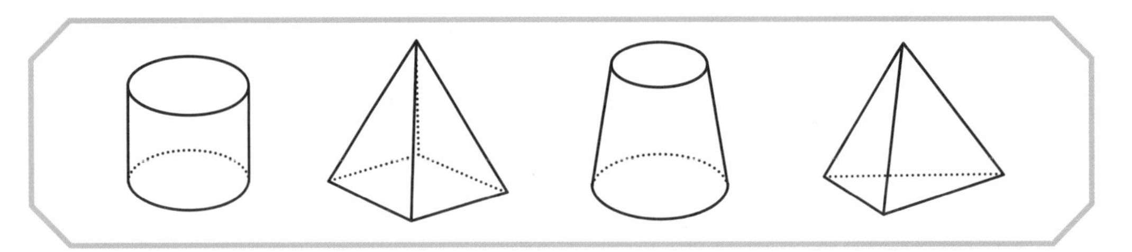

세 번째 고개 다음 도형 중에 T를 모두 찾아 보세요.

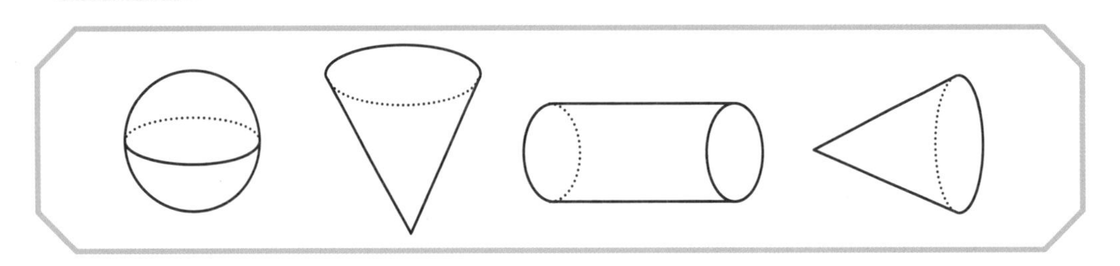

T의 이름은 ㅇ ㅃ 입니다.

정답

도형 U의 이름은 무엇일까요?

첫 번째 고개 다음 도형들은 U입니다.

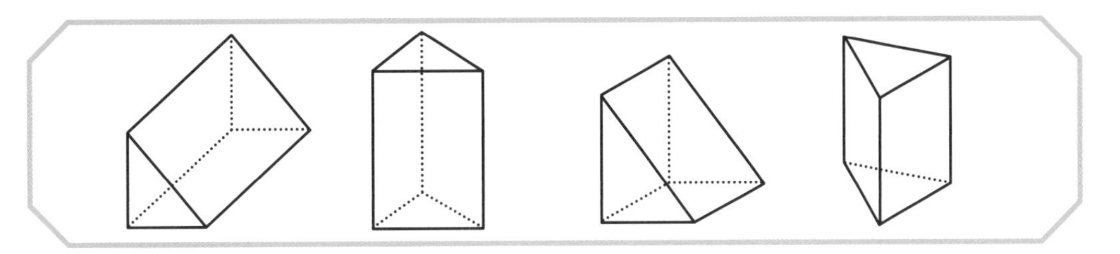

두 번째 고개 다음 도형들은 U가 아닙니다.

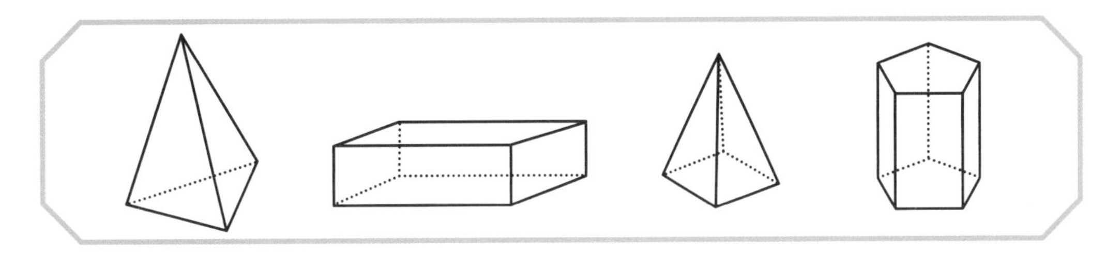

세 번째 고개 다음 도형 중에 U를 모두 찾아 보세요.

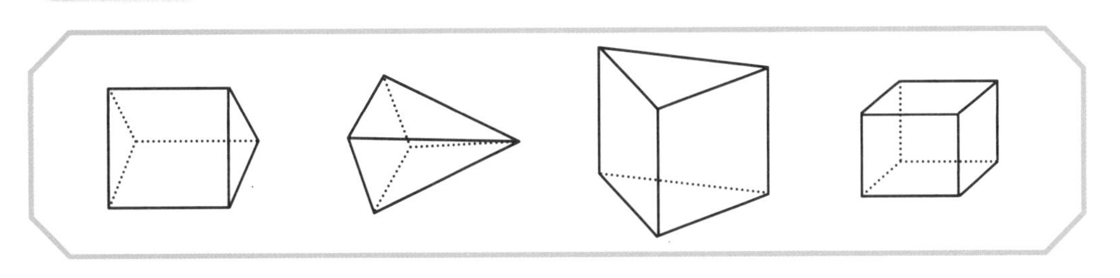

U의 이름은 ㅅ ㄱ ㄱ ㄷ 입니다.

정답

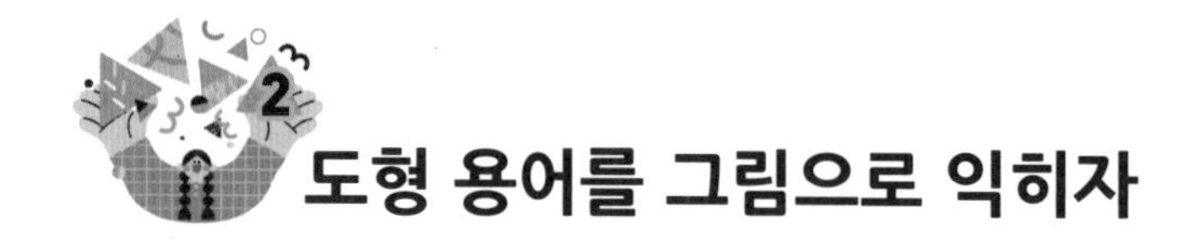

도형 용어를 그림으로 익히자

도전문제(22) 도형 **V**의 이름은 무엇일까요?

첫 번째 고개 다음 도형들은 **V**입니다.

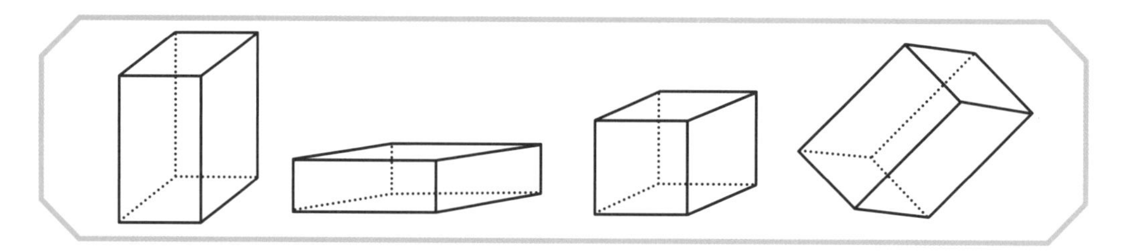

두 번째 고개 다음 도형들은 **V**가 아닙니다.

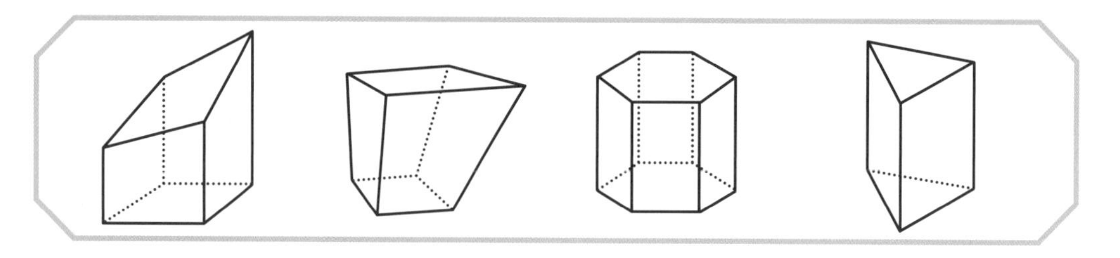

세 번째 고개 다음 도형 중에 **V**를 모두 찾아 보세요.

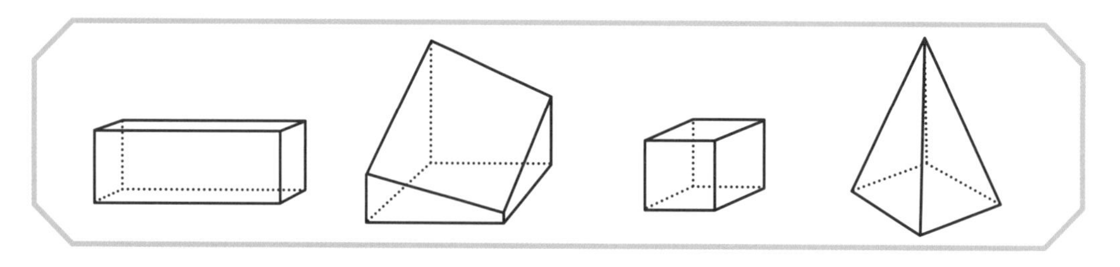

V의 이름은 ㅅ ㄱ ㄱ ㄷ 또는 ㅈ ㅇ ㅁ ㅊ 입니다.

정답

도전문제(23) 도형 W의 이름은 무엇일까요?

첫 번째 고개 다음 도형들은 W입니다.

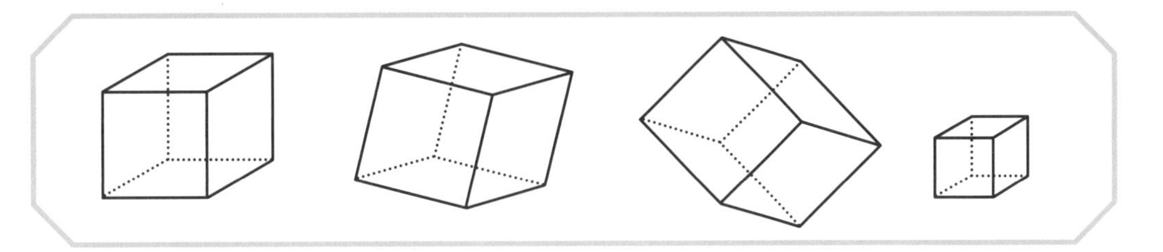

두 번째 고개 다음 도형들은 W가 아닙니다.

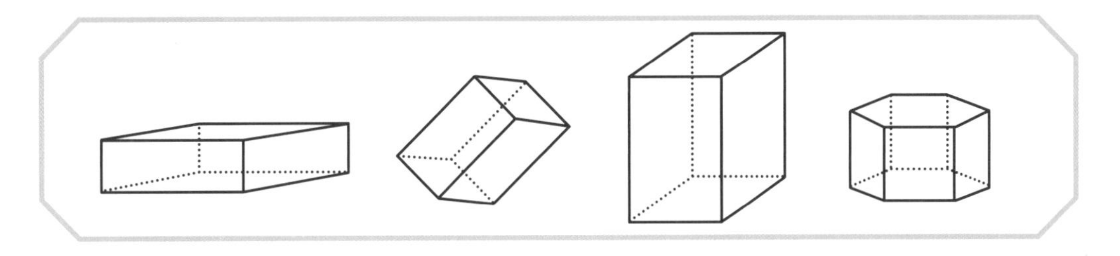

세 번째 고개 다음 도형 중에 W를 모두 찾아 보세요.

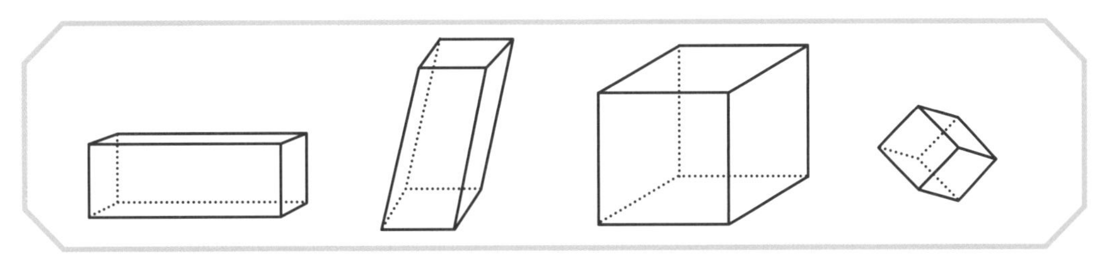

W의 이름은 ㅈ ㅇ ㅁ ㅊ 입니다.

정답

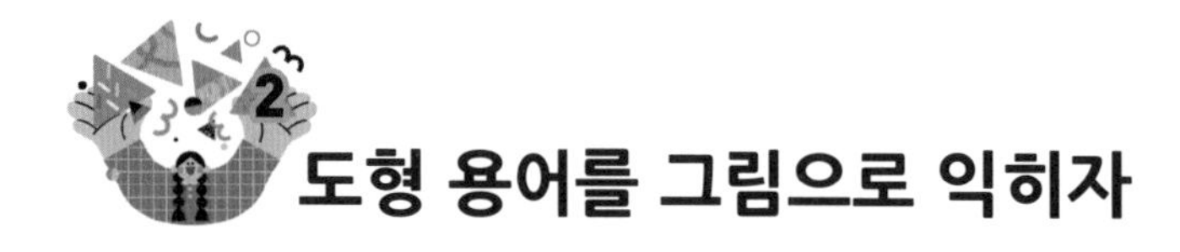

도형 용어를 그림으로 익히자

도전문제(24) 도형 X의 이름은 무엇일까요?

첫 번째 고개 다음 도형들은 X입니다.

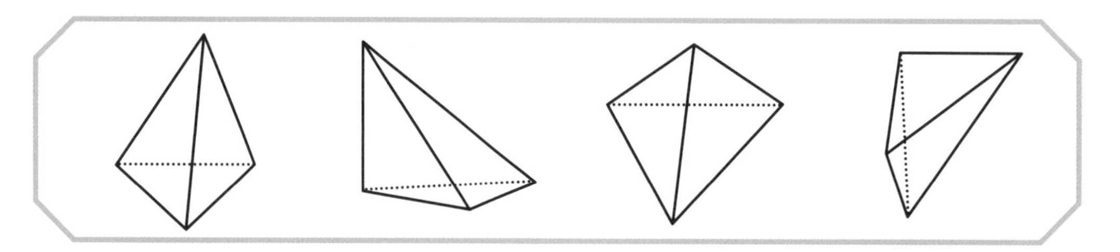

두 번째 고개 다음 도형들은 X가 아닙니다.

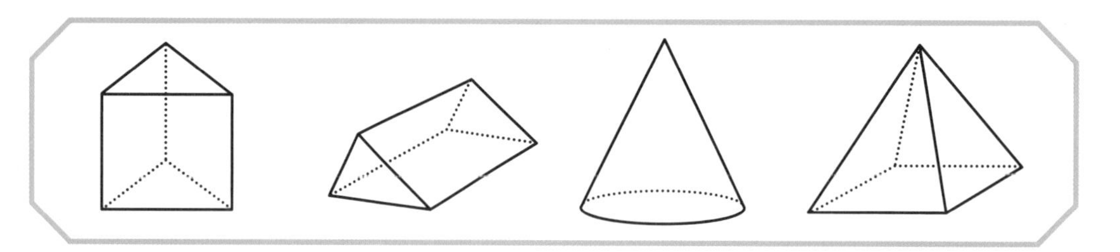

세 번째 고개 다음 도형 중에 X를 모두 찾아 보세요.

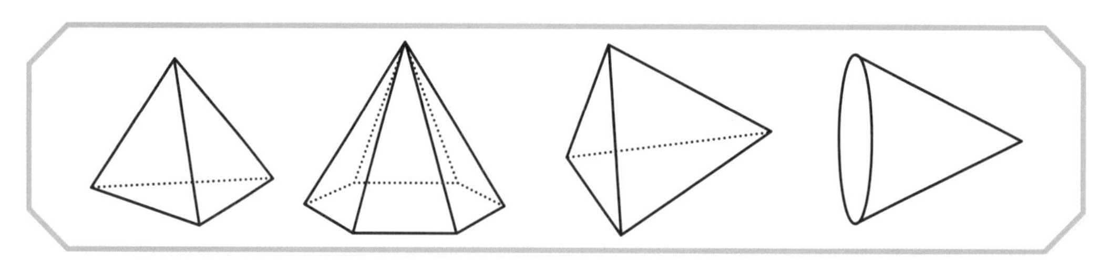

X의 이름은 ㅅ ㄱ ㅃ 입니다.

정답

도전문제(25) 도형 **Y**의 이름은 무엇일까요?

첫 번째 고개 다음 도형들은 **Y**입니다.

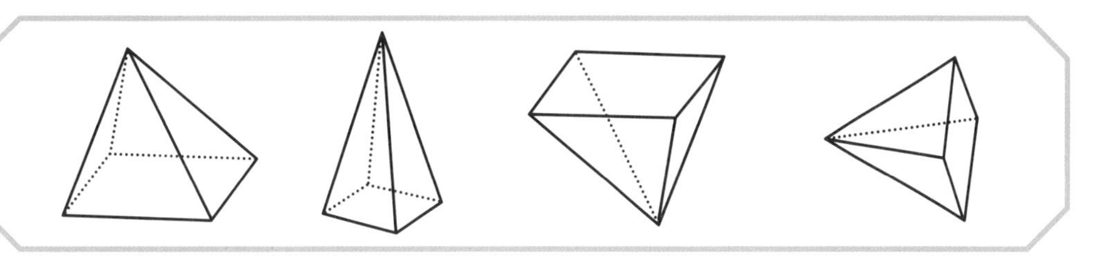

두 번째 고개 다음 도형들은 **Y**가 아닙니다.

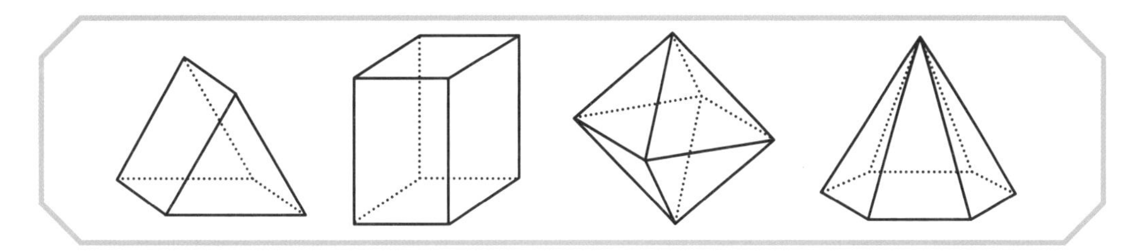

세 번째 고개 다음 도형 중에 **Y**를 모두 찾아 보세요.

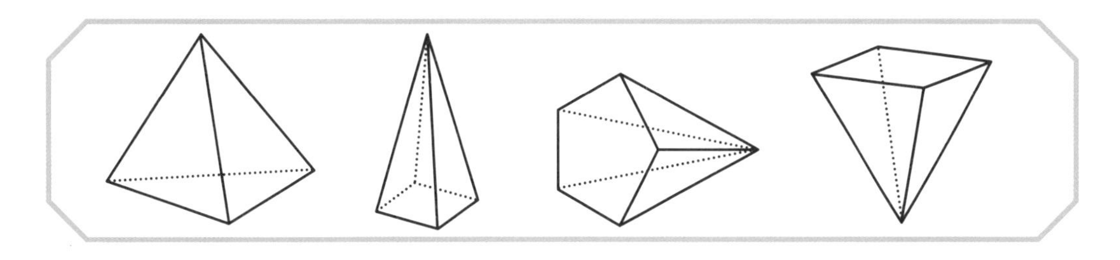

Y의 이름은 ㅅ ㄱ ㅃ 입니다.

정답

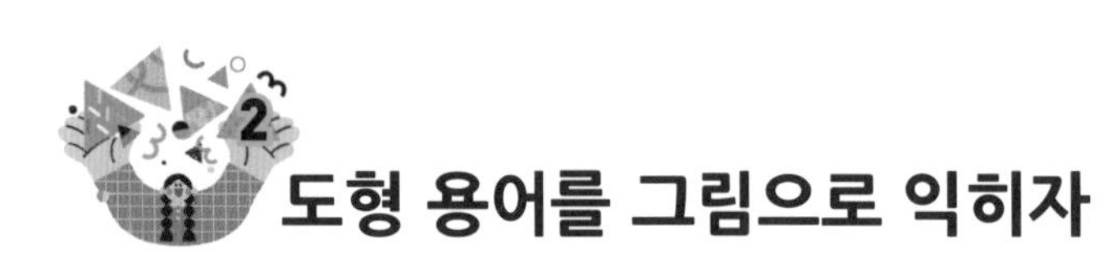

도형 용어를 그림으로 익히자

도전문제(26) 도형 Z의 이름은 무엇일까요?

첫 번째 고개 다음 도형들은 Z입니다.

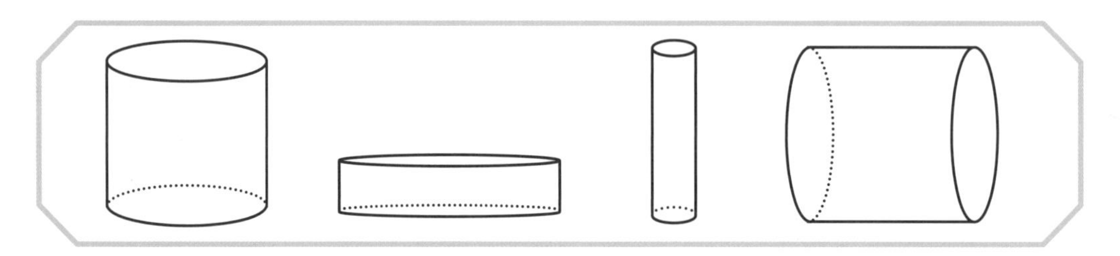

두 번째 고개 다음 도형들은 Z가 아닙니다.

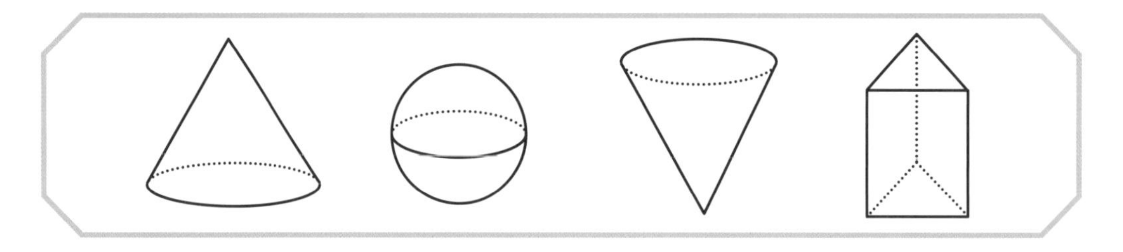

세 번째 고개 다음 도형 중에 Z를 모두 찾아 보세요.

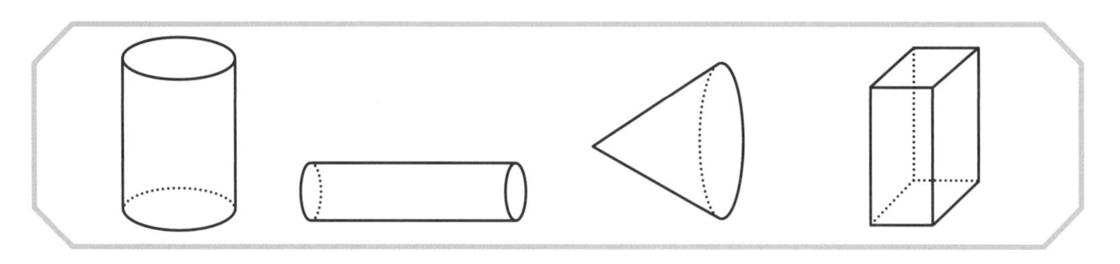

Z의 이름은 ㅇ ㄱ ㄷ 입니다.

정답 ______________________

도형 용어를 가로세로 퍼즐로 익히자

가로세로 낱말 퍼즐을 풀면서

도형 용어의 정의를 익힐 수 있어요.

도형 용어를 가로세로 퍼즐로 익히자

② 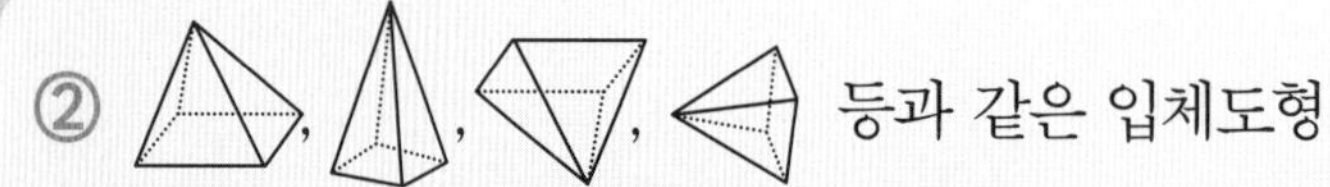 등과 같은 입체도형

④ 등과 같은 입체도형

⑤ 각, 사각형, 원, 구 등과 같은 사물의 모양이나 형태

세로 열쇠

① 각의 크기가 90°보다 크고 180°보다 작은 각

② 밑면이 사각형인 각기둥

③ 3개의 변으로 둘러싸인 평면도형

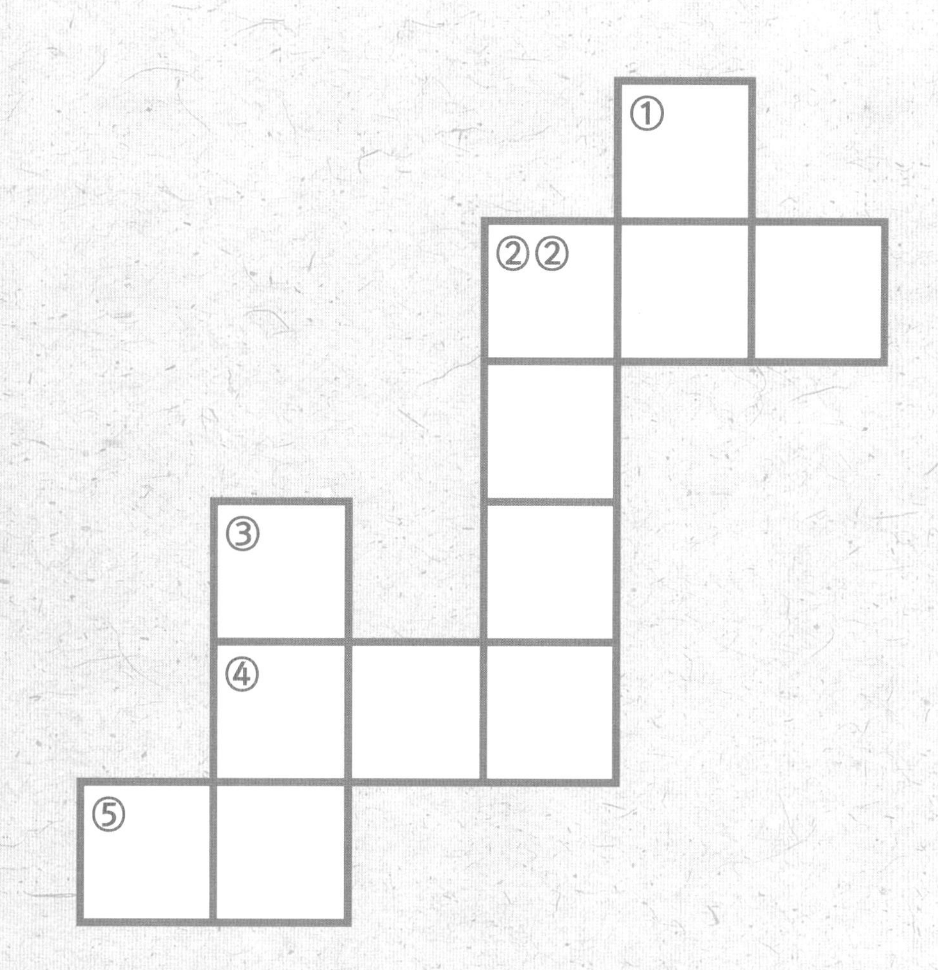
①
②②
③
④
⑤

도형 용어를 가로세로 퍼즐로 익히자

② ‖ ⫽ ═ 등과 같이 서로 만나지 않는 두 직선

③ 4개의 변으로 둘러싸인 평면도형

④ 서로 합동인 두 도형을 포개었을 때 완전히 겹쳐지는 변

⑤ 각의 크기가 0°보다 크고 90°보다 작은 각

세로 열쇠 ↓

① 선분을 양쪽으로 끝없이 늘인 곧은 선

② 마주 보는 두 쌍의 변이 서로 평행한 사각형

④ 서로 합동인 두 도형을 포개었을 때 완전히 겹쳐지는 각

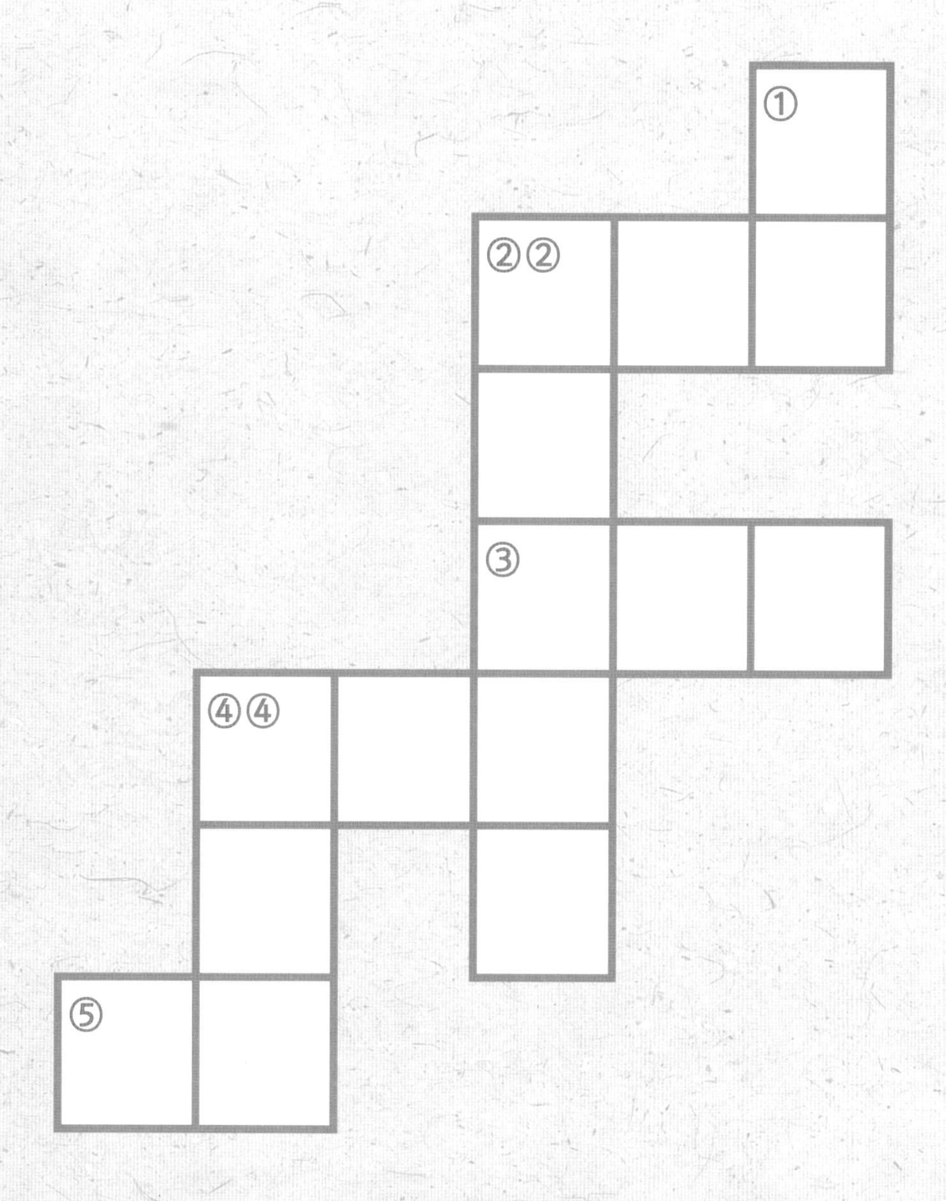
①
②②
③
④④
⑤

도형 용어를 가로세로 퍼즐로 익히자

① 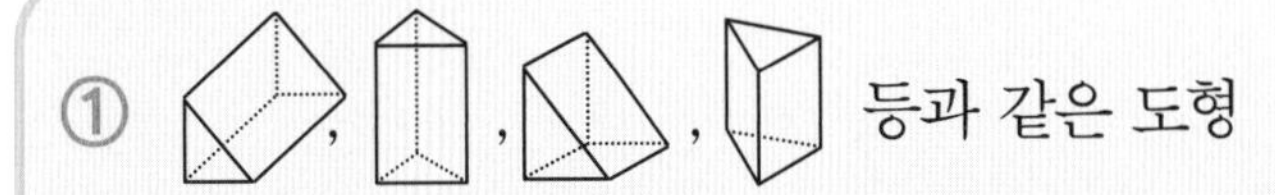 등과 같은 도형

② 밑면이 육각형인 각뿔

③ 5개의 변으로 둘러싸인 도형

④ 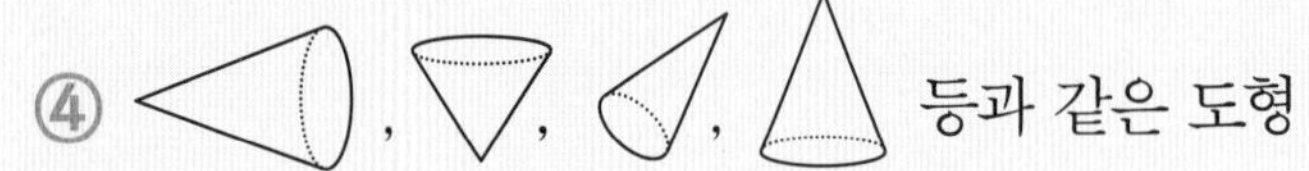 등과 같은 도형

⑤ 과 같이 공처럼 생긴 입체도형

⑥ 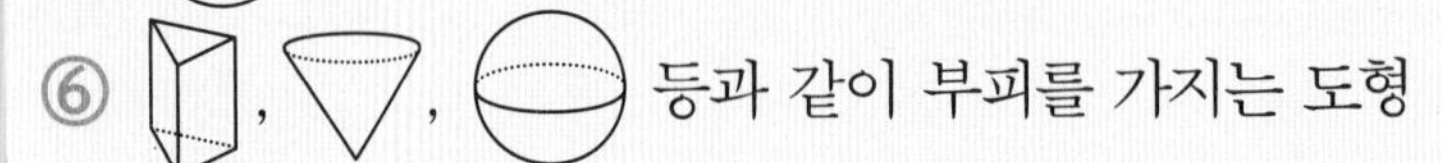 등과 같이 부피를 가지는 도형

세로 열쇠 ↓

① 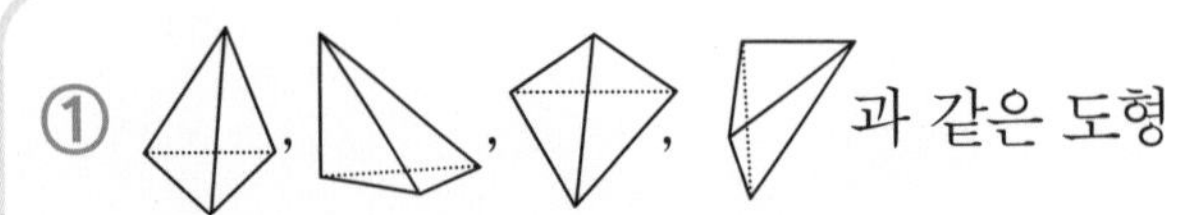 과 같은 도형

② 6개의 변으로 둘러싸인 평면도형

③ 밑면이 오각형인 각뿔

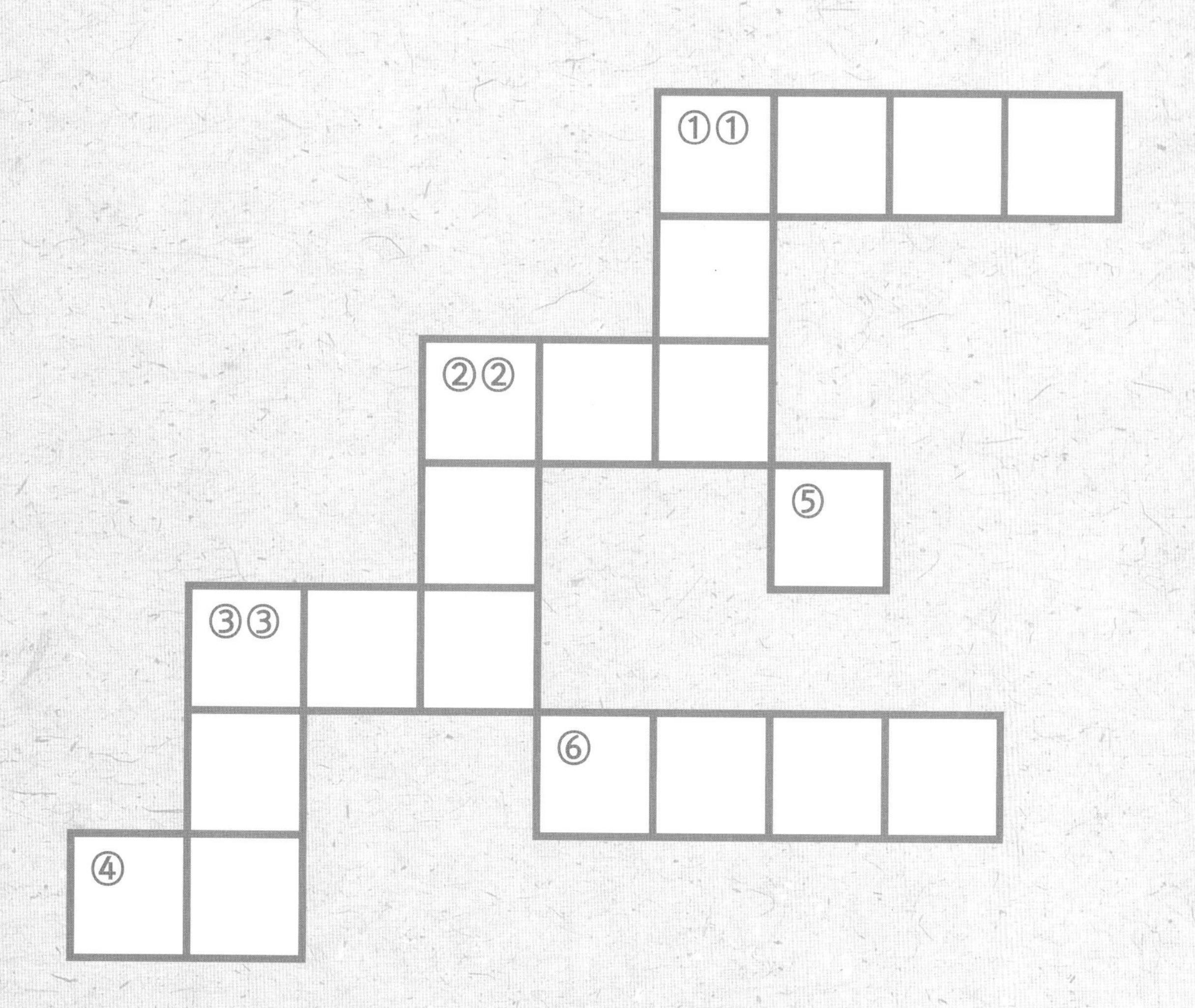
①①
②②
③③
④
⑤
⑥

도형 용어를 가로세로 퍼즐로 익히자

도전문제(4)

가로 열쇠 →

① 밑면을 기준으로 각뿔의 □□를 재다.

③ 등과 같이 도형의 두 변이 서로를 향하여 보다.

④ 등과 같이 선대칭도형을 접었을 때 완전히 겹쳐지도록 하는 직선

⑤ 평면도형에서 변과 변, 또는 입체도형에서 모서리와 모서리가 만나는 점

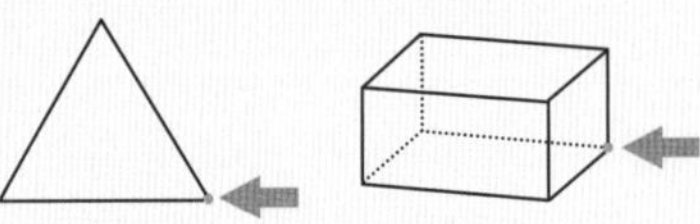

세로 열쇠 ↓

② 와 같이 점이나 변이 바로 옆에 있을 때 하는 말. 예를 들어 점A와 점C가 점B에 '□□□□'.

③ 네 변의 길이가 모두 같은 사각형

④ 서로 합동인 두 도형을 포개었을 때 완전히 겹쳐지는 점

⑥ 평면도형에서 높이를 잴 때 기준이 되는 변

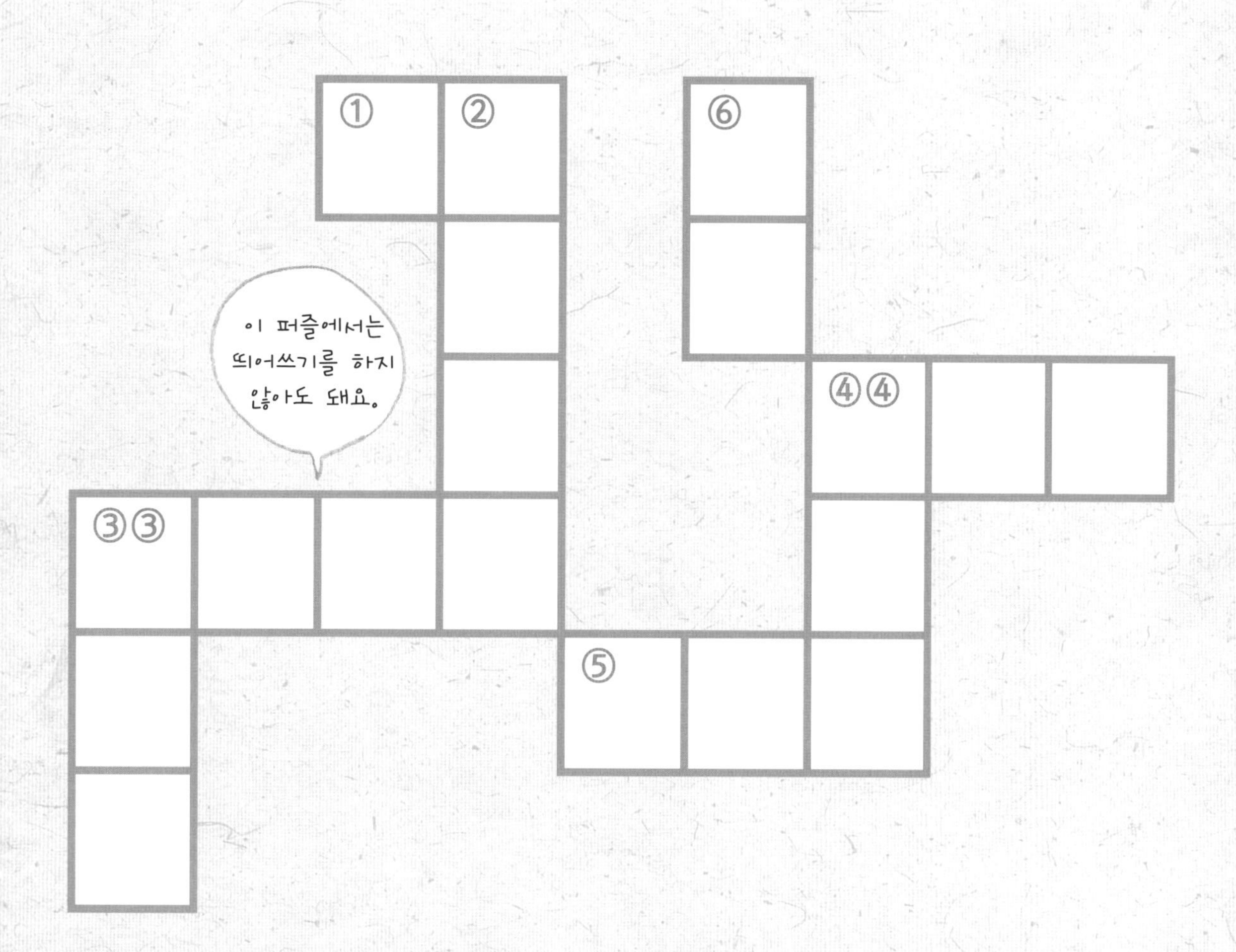
①
②
⑥
이 퍼즐에서는 띄어쓰기를 하지 않아도 돼요.
④④
③③
⑤

도형 용어를 가로세로 퍼즐로 익히자

가로 열쇠 →

② 정사각형 6개로 둘러싸인 입체도형

③ 변의 길이가 모두 같고, 각의 크기가 모두 같은 다각형

④ 네 각이 모두 직각인 사각형

⑤ ← 그림과 같이 모서리로 둘러싸여 있는 부분

세로 열쇠 ↓

① 직사각형 6개로 둘러싸인 입체도형

② 세 변의 길이가 모두 같은 삼각형

③ 네 각이 모두 직각이고, 네 변의 길이가 모두 같은 사각형

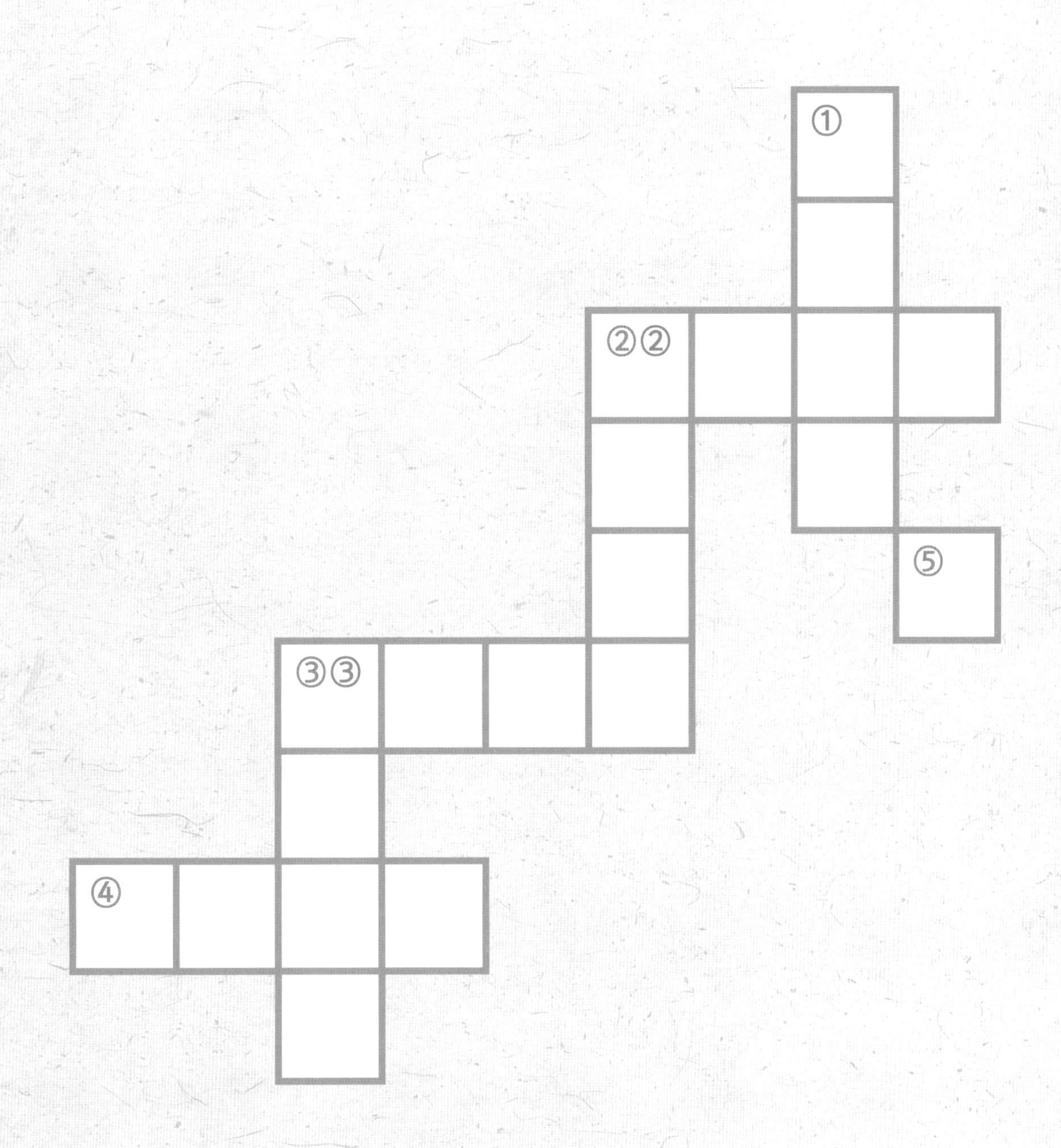
①
②②
⑤
③③
④

도형 용어를 가로세로 퍼즐로 익히자

② 한 각이 둔각인 삼각형

③ , , , 등과 같은 도형

④ 한 점에서 시작하여 한쪽으로 끝없이 늘린 직선

⑤ 원의 중심을 지나도록 원 위의 두 점을 이은 선분

⑥ 누름 못을 중심으로 띠종이를 한 바퀴 돌리면 나오는 도형

세로 열쇠

① 밑면이 팔각형인 각기둥

③ 원의 한가운데 부분 또는 컴퍼스로 원을 그릴 때 누름 못이 꽂혔던 점

④ 원 위의 중심과 원 위의 한 점을 이은 선분

①

②②

③③

⑥

④④

⑤

이 퍼즐에서는 띄어쓰기를 하지 않아도 돼요。

도형 용어를 가로세로 퍼즐로 익히자

도전문제(7)

가로 열쇠 →

① 두 개의 직선이 나란히 있어 아무리 늘여도 서로 만나지 않음

③ 한 각이 직각인 삼각형

④ 원뿔에서 원뿔의 꼭짓점과 밑면인 원의 둘레의 한 점을 이은 선분

⑤ 평행한 변이 한 쌍이라도 있는 사각형

⑥ 한 점에서 그은 두 개의 반직선으로 이루어진 도형

세로 열쇠 ↓

① 직선, 곡선, 원, 다각형 등과 같이 하나의 평면 위에 있는 도형

② 각의 크기가 90°인 각

③ 선분을 양쪽으로 끝없이 늘린 곧은 선

④ 입체도형에서 면과 면이 만나는 선분

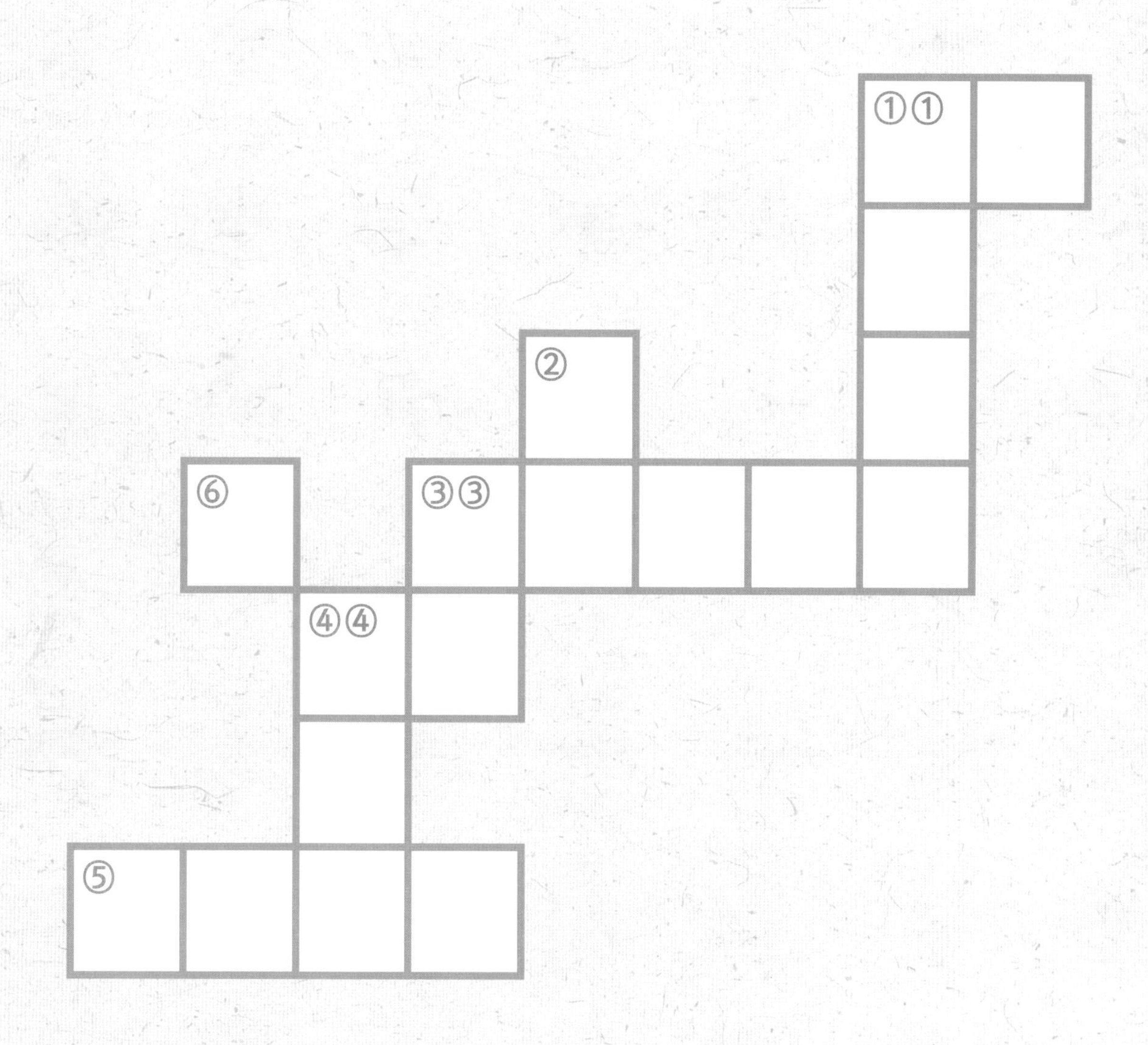
①①
②
⑥
③③
④④
⑤

도형 용어를 가로세로 퍼즐로 익히자

② 다각형에서 서로 이웃하지 않은 두 꼭짓점을 이은 선분

⑤ 두 직선이 서로 수직으로 만나면 한 직선을 다른 직선의 □□이라 한다.

⑥ 한 직선을 따라 접었을 때 완전히 겹치는 도형

⑧ 그림에서 이 가리키는 것을 각의 □이라 한다.

세로 열쇠

① , 와 같이 도형의 안쪽에 있는 한 점을 중심으로 180° 돌렸을 때 처음 도형과 완전히 겹치는 도형

③ 두 점을 곧게 이은 선

④ 모나지 않고 부드럽게 굽은 선

⑤ 두 직선이 만나 이루는 각이 직각일 때 두 직선은 서로 □□이라 한다.

⑦ 선대칭, 점대칭 등과 같이 어떤 도형이 점, 직선, 평면의 양쪽에 있는 부분이 완전히 포개어지는 성질

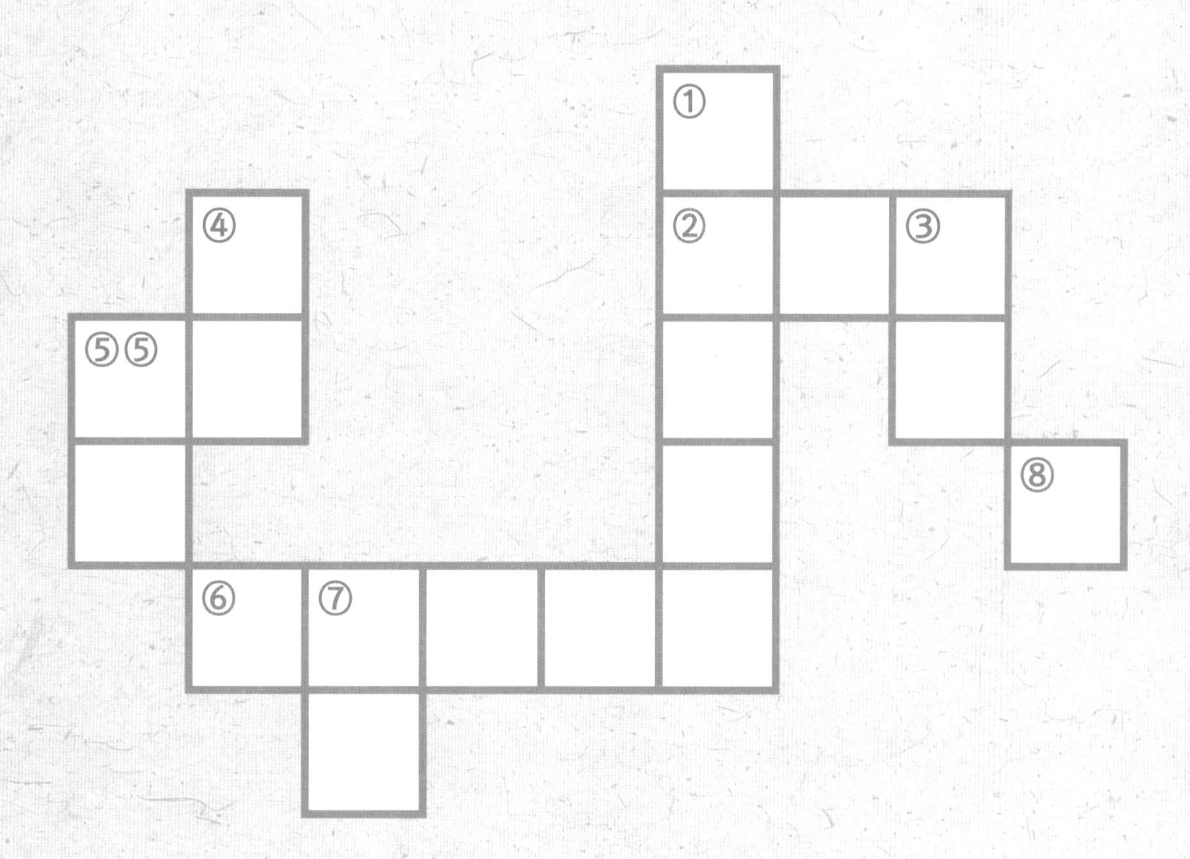
①
④
②
③
⑤⑤
⑧
⑥
⑦

도형 용어를 가로세로 퍼즐로 익히자

② (도형 그림), (도형 그림), (도형 그림), (도형 그림), (도형 그림), (도형 그림)의 색칠된 부분

③ (도형 그림), (도형 그림)와 같이 사다리꼴의 두 밑변 중 아래쪽에 있는 변

⑤ 두 변의 길이가 같은 삼각형

⑦ 선분으로만 둘러싸인 평면도형

⑧ 모양과 크기가 같아서 포개었을 때 완전히 겹치는 두 도형을 □□이라 한다.

세 로 열 쇠

① (도형 그림) 와 같이 입체도형의 두 밑면과 만나는 면

② (도형 그림) 그림과 같이 평면도형에서 높이를 잴 때 기준이 되는 변

④ 사다리꼴의 두 밑변 중 위쪽에 있는 변

⑥ 세 각이 모두 예각인 삼각형

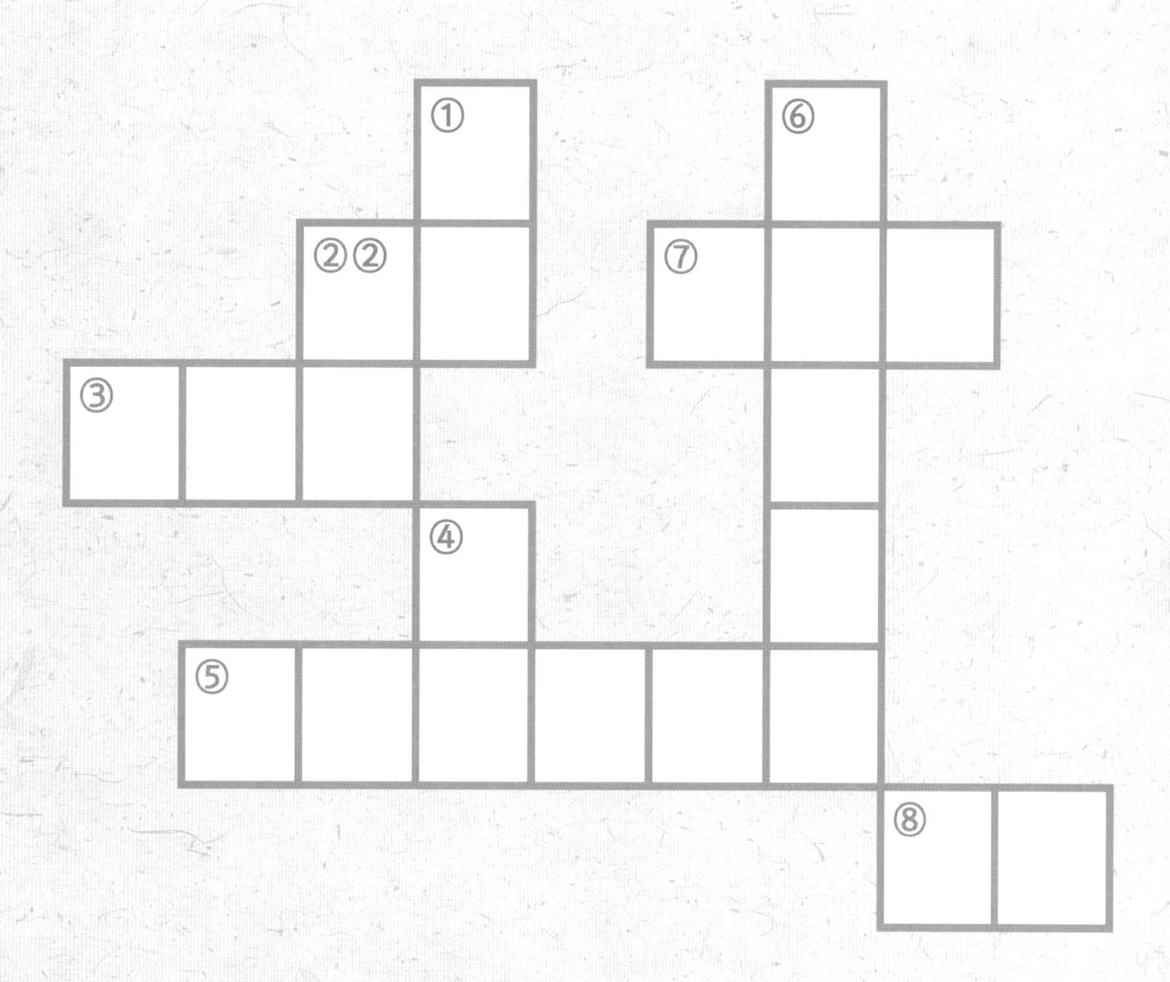
①
②②
③
④
⑤
⑥
⑦
⑧

도형 용어를 가로세로 퍼즐로 익히자

가로 열쇠 →

② 입체도형의 모양을 잘 알 수 있도록 실선과 점선으로 그린 그림

④ 도형을 한 직선을 기준으로 위쪽이나 아래쪽, 오른쪽이나 왼쪽으로 뒤집는 것

⑥ (시계 방향 화살표) 시계가 돌아가는 방향

⑧ 밑면이 오각형인 각기둥

세로 열쇠 ↓

① 입체도형의 모서리를 잘라서 평면 위에 펼쳐 놓은 그림

③ 도형을 한 평면 위에서 일정한 양만큼 돌려 움직이는 것

⑤ (시계 반대 방향 화살표) 시계가 돌아가는 방향과 반대 방향

⑦ 도형을 위, 아래, 왼쪽, 오른쪽 등으로 밀어 움직이는 것

도형 용어를 가로세로 퍼즐로 익히자

도형 용어를 개념도와 초성으로 잡자

정삼각형은 이등변삼각형이기도 해요.

도형의 관계를 개념도로 파악하면

초성만 보고도 척척~

도형 개념이 확실히 잡혀요!

도형 용어를 개념도와 초성으로 잡자

초성을 보고 알맞은 도형 용어를 써 보세요.

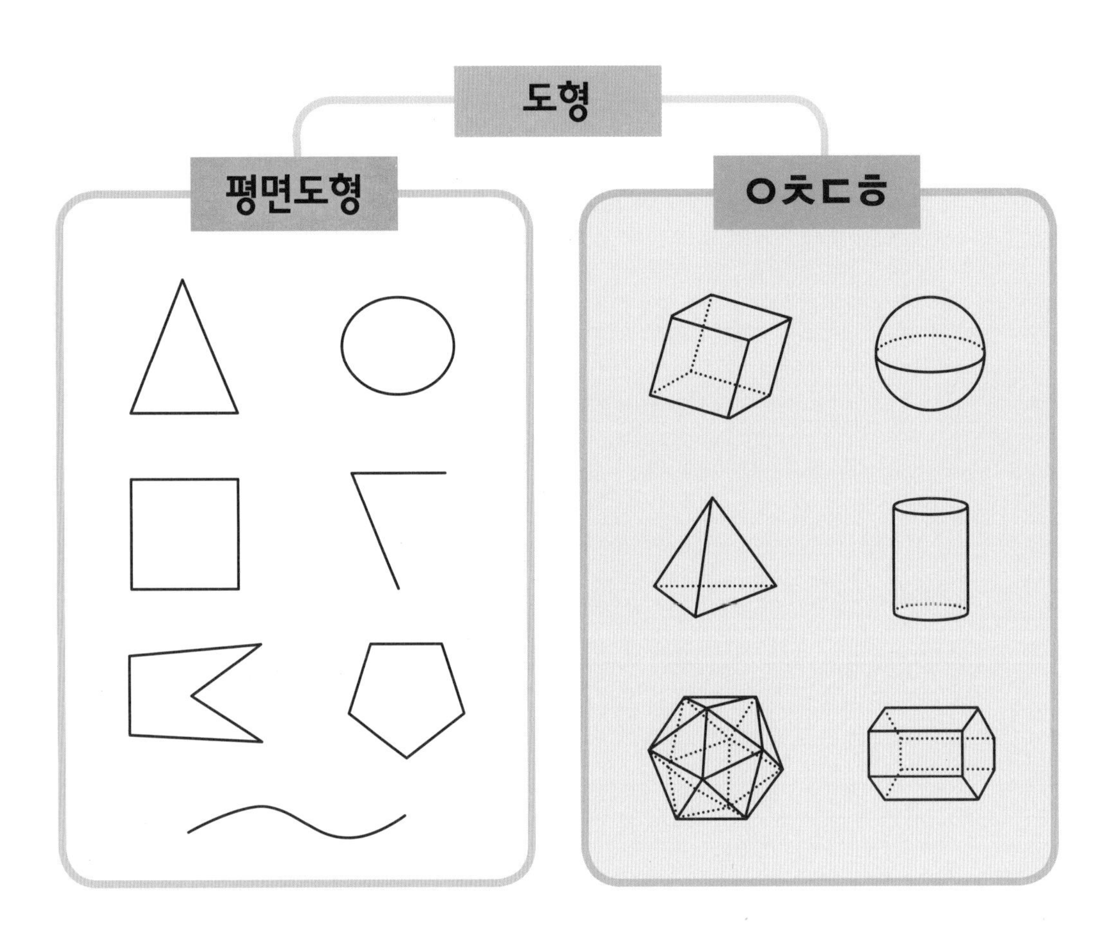

- 삼각형, 사각형, 오각형, 원, 각, 곡선은 **평면도형**입니다.
- 각기둥, 각뿔, 구, 원기둥, 다면체 등은 ㅇ ㅊ ㄷ ㅎ 입니다.

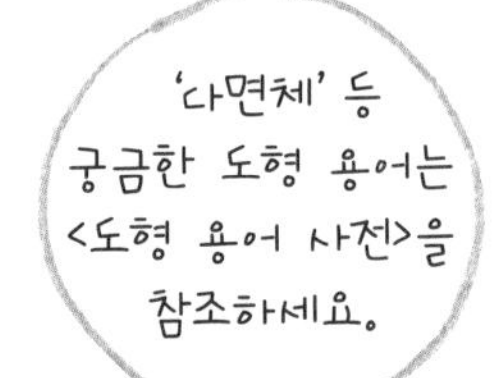

정답

초성을 보고 알맞은 도형 용어를 써 보세요.

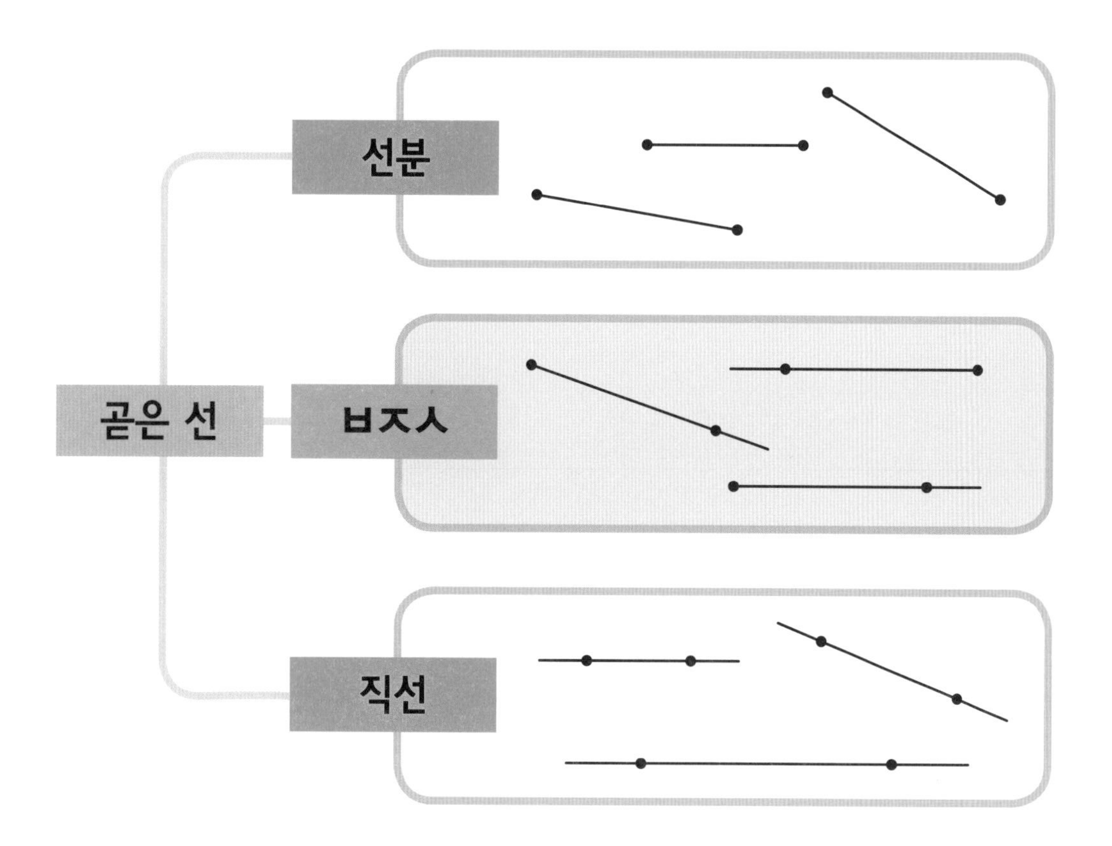

- **선분**은 두 점을 이은 곧은 선입니다.
- ㅂ ㅈ ㅅ 은 한 점에서 시작하여 한쪽으로 끝없이 늘인 곧은 선입니다.
- **직선**은 선분을 양쪽으로 끝없이 늘인 곧은 선입니다.

정답

도형 용어를 개념도와 초성으로 잡자

초성을 보고 알맞은 도형 용어를 써 보세요.

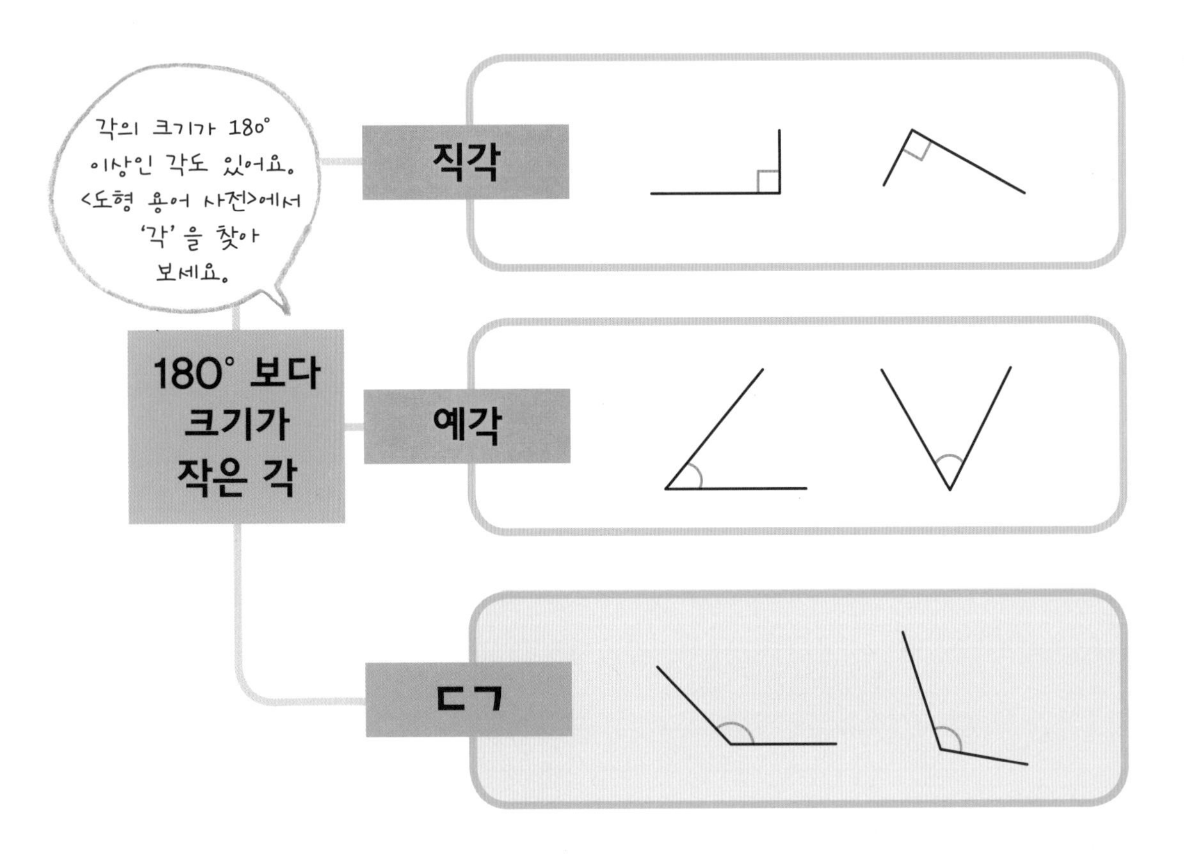

- **직각**은 각의 크기가 90°입니다.
- **예각**은 각의 크기가 90°보다 작습니다.
- ㄷ ㄱ 은 각의 크기가 90°보다 크고 180°보다 작습니다.

정답

초성을 보고 알맞은 도형 용어를 써 보세요.

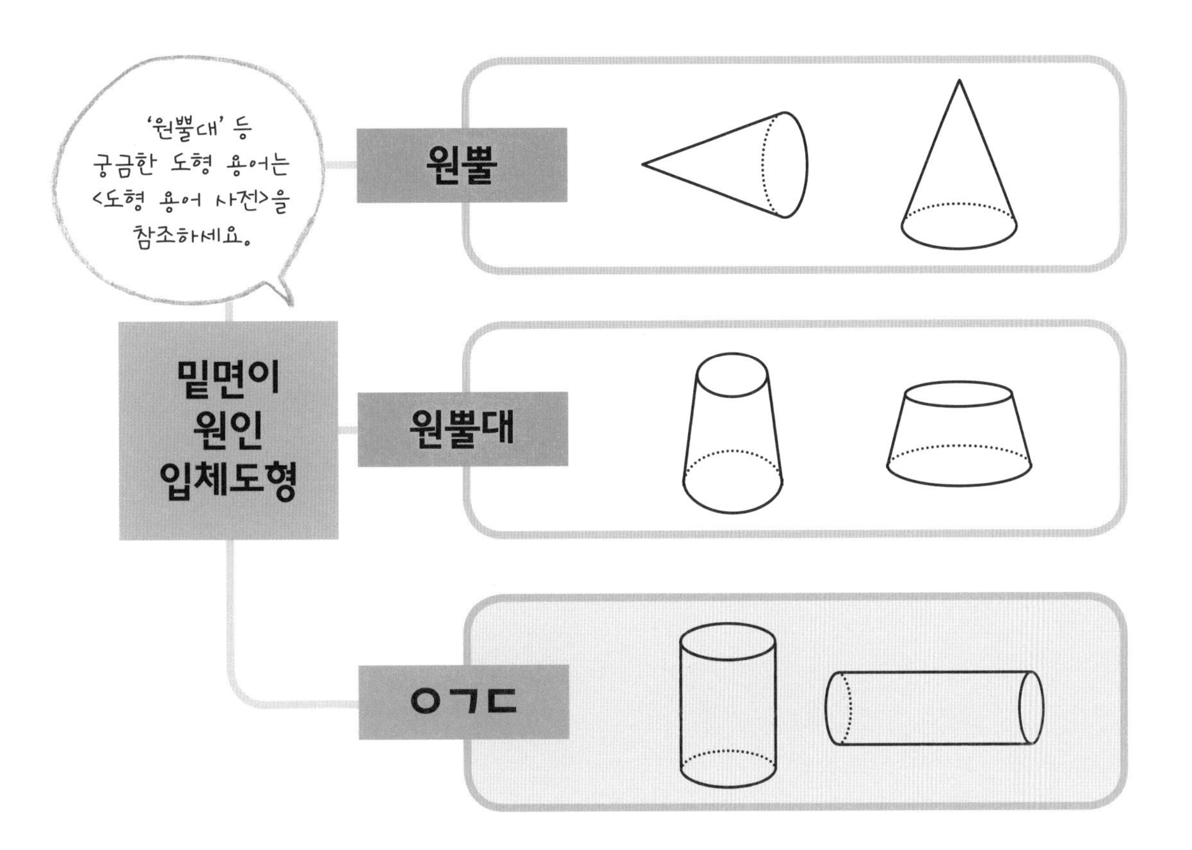

- **원뿔**은 하나의 밑면을 가지고 있습니다.
- **원뿔대**는 크기가 다른 두 개의 밑면을 가지고 있습니다.
- ㅇ ㄱ ㄷ 은 합동인 두 개의 밑면을 가지고 있습니다.

정답 ______________________

도형 용어를 개념도와 초성으로 잡자

초성을 보고 알맞은 도형 용어를 써 보세요.

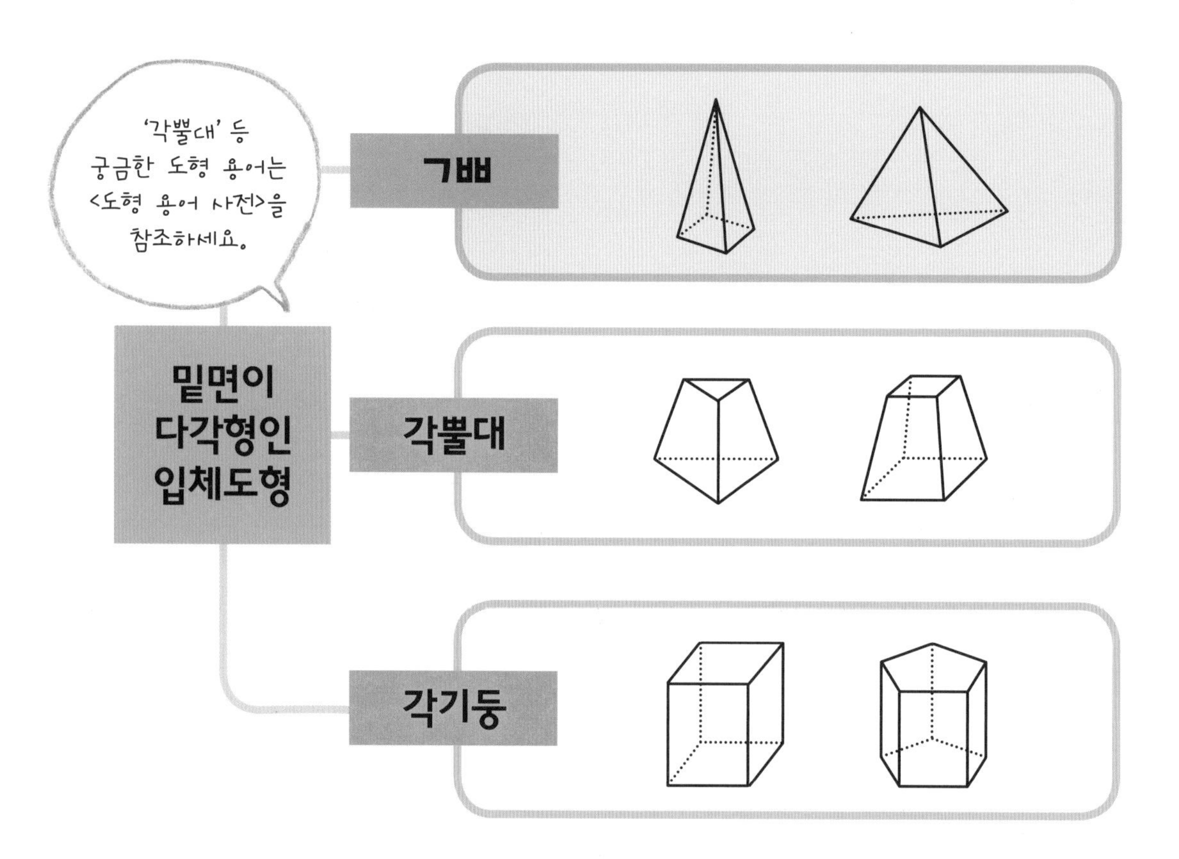

- ㄱ ㅃ 은 하나의 밑면을 가지고 있습니다.
- **각뿔대**는 크기가 다른 두 개의 밑면을 가지고 있습니다.
- **각기둥**은 합동인 두 개의 밑면을 가지고 있습니다.

정답

초성을 보고 알맞은 도형 용어를 써 보세요.

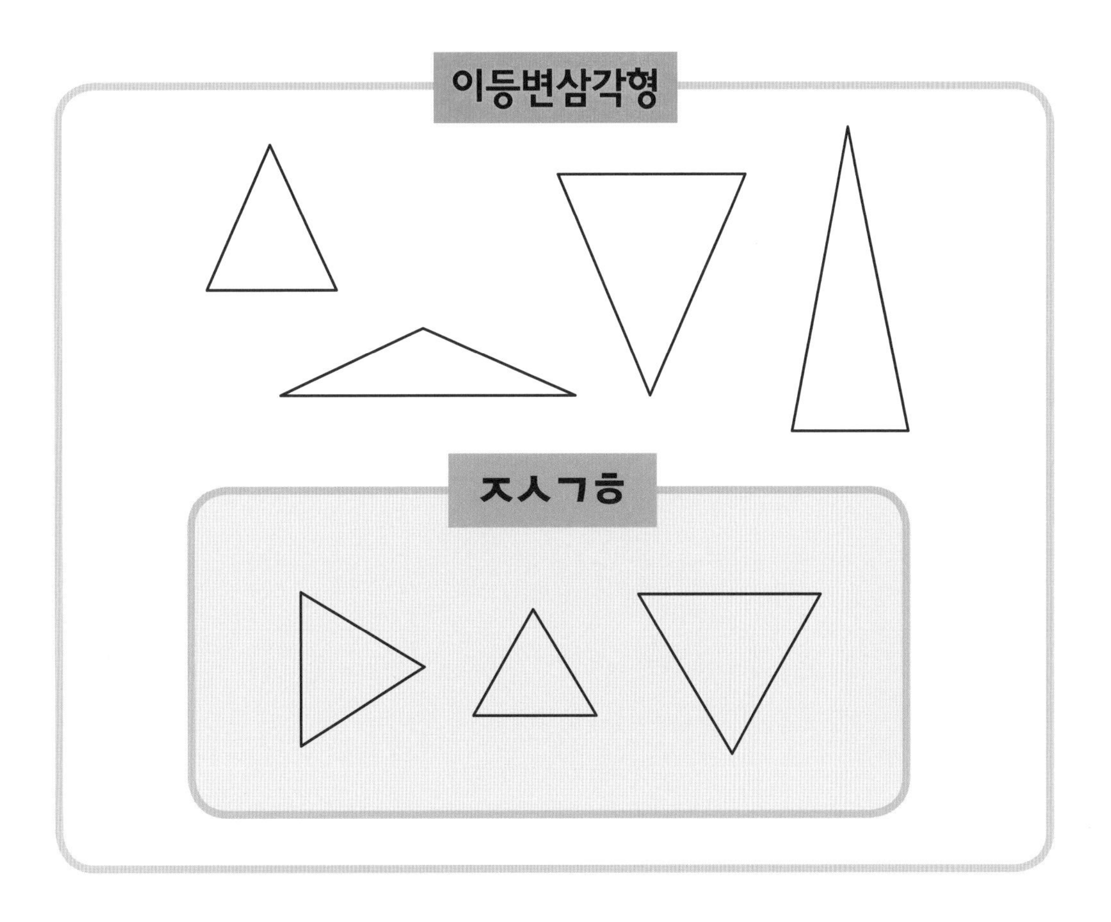

- **이등변삼각형**은 두 변의 길이가 같은 삼각형입니다.
- ㅈ ㅅ ㄱ ㅎ 은 세 변의 길이가 같은 **이등변삼각형**입니다.

정답

초성을 보고 알맞은 도형 용어를 써 보세요.

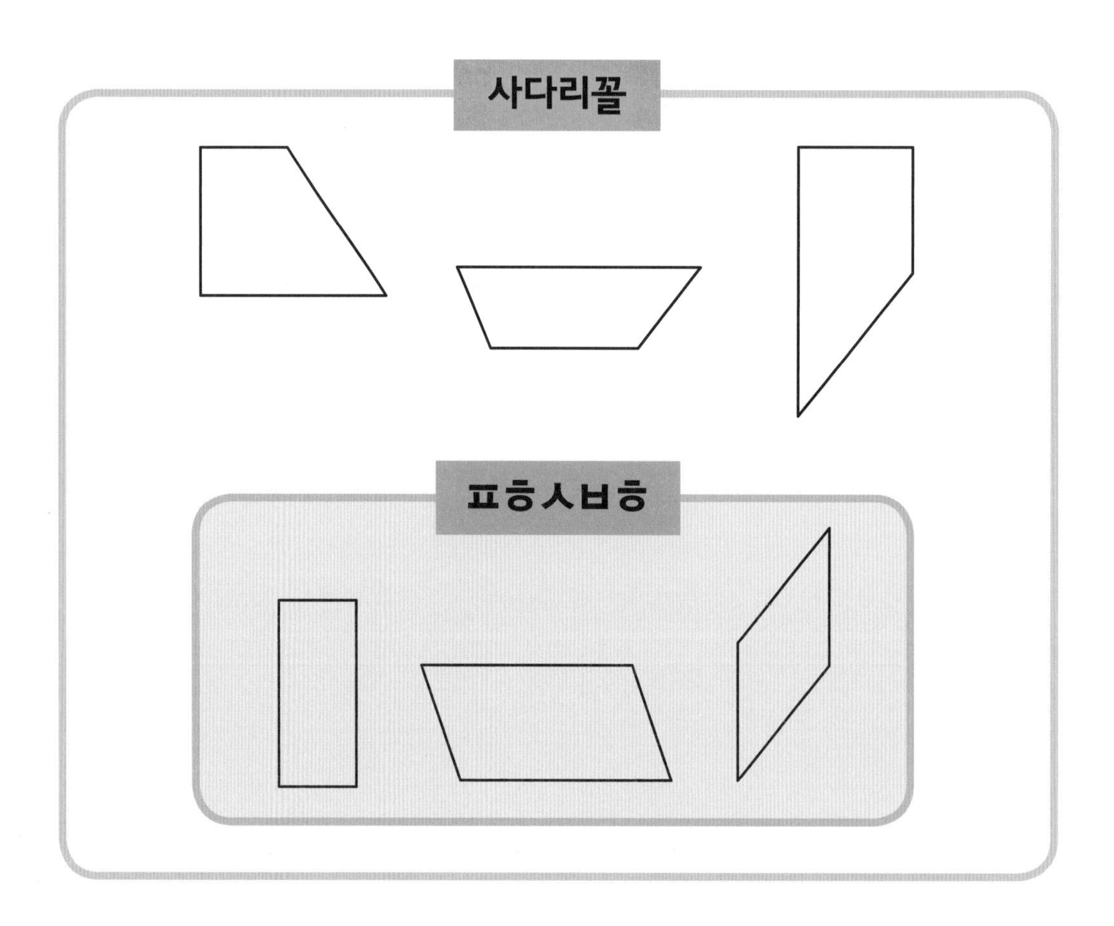

- 사다리꼴은 마주 보는 한 쌍의 변이 평행한 사각형입니다.
- ㅍ ㅎ ㅅ ㅂ ㅎ 은 마주 보는 두 쌍의 변이 평행한 사다리꼴입니다.

정답 ____________

초성을 보고 알맞은 도형 용어를 써 보세요.

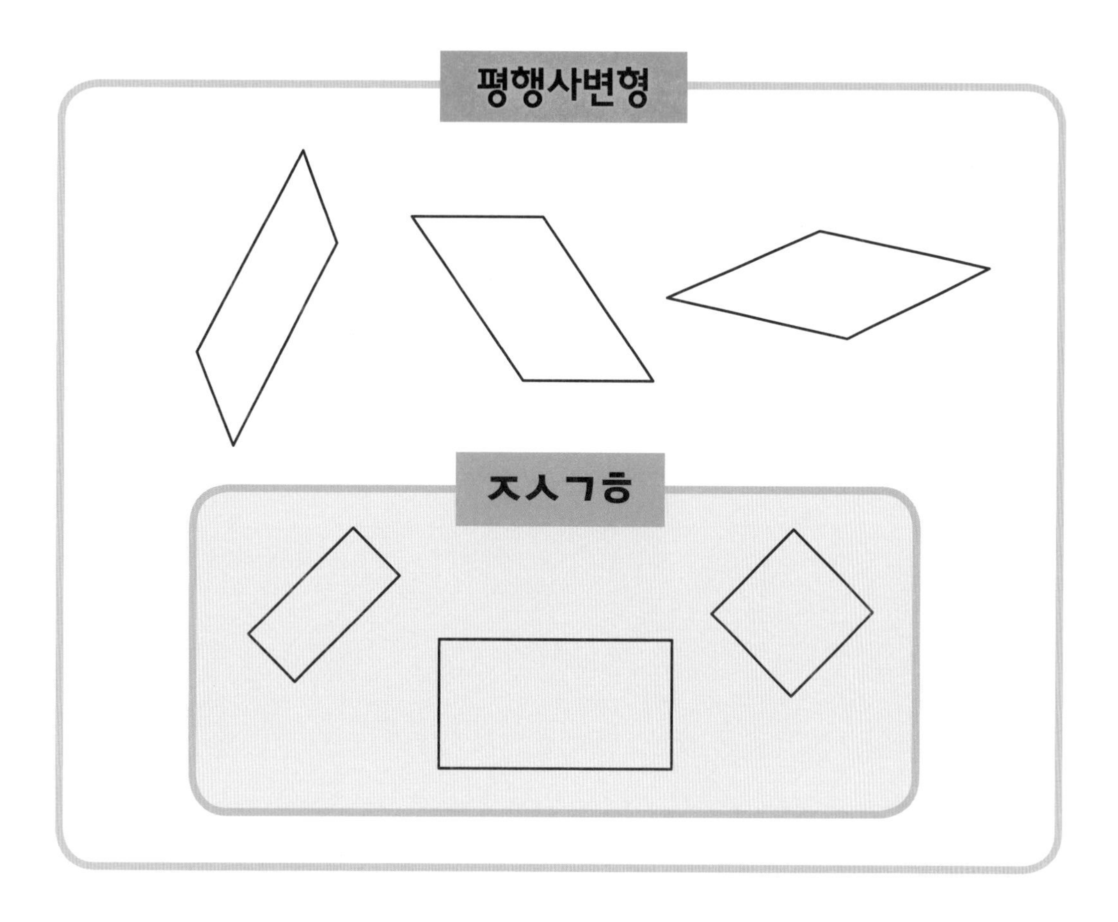

- **평행사변형**은 두 쌍의 마주 보는 변이 평행한 사각형입니다.
- ㅈ ㅅ ㄱ ㅎ 은 각이 모두 직각인 **평행사변형**입니다.

정답

도형 용어를 개념도와 초성으로 잡자

초성을 보고 알맞은 도형 용어를 써 보세요.

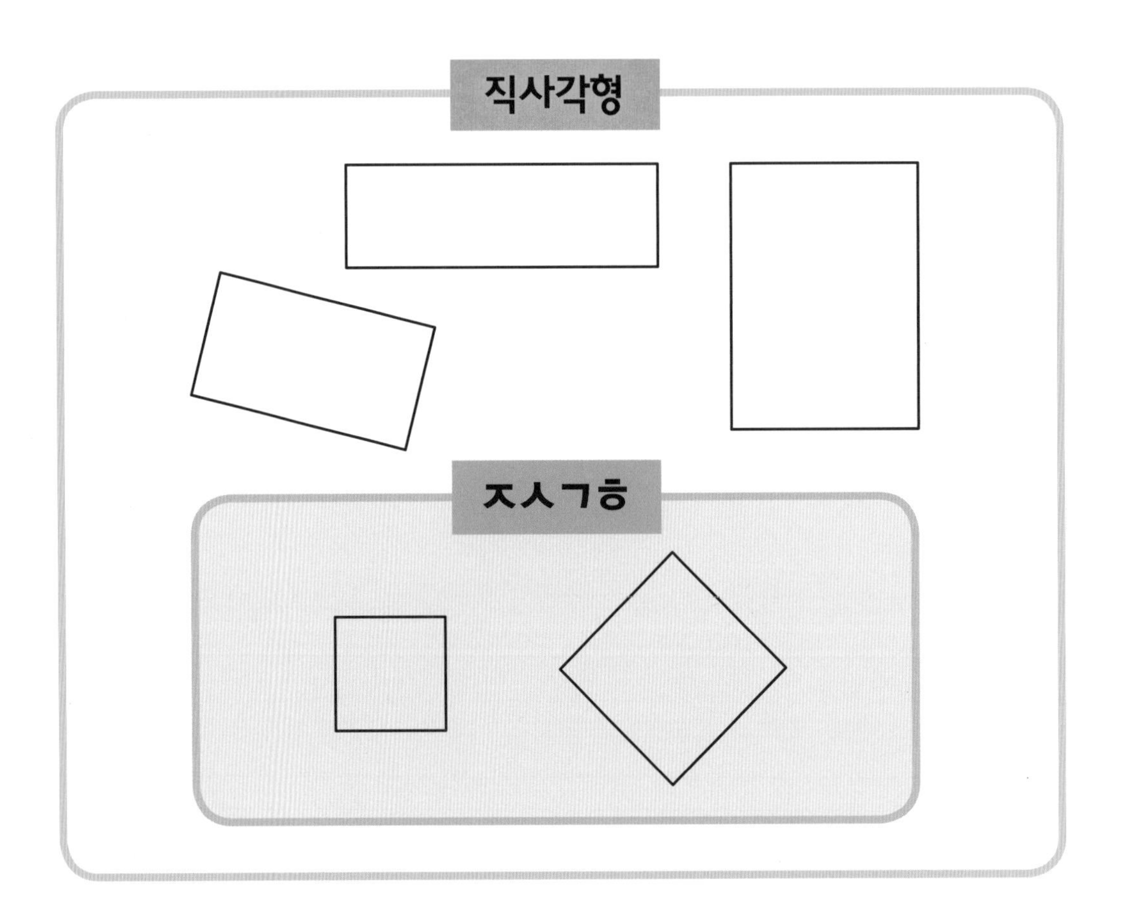

- **직사각형**은 각의 크기가 모두 같은 사각형입니다.
- ㅈ ㅅ ㄱ ㅎ 은 변의 길이가 모두 같은 **직사각형**입니다.

정답

초성을 보고 알맞은 도형 용어를 써 보세요.

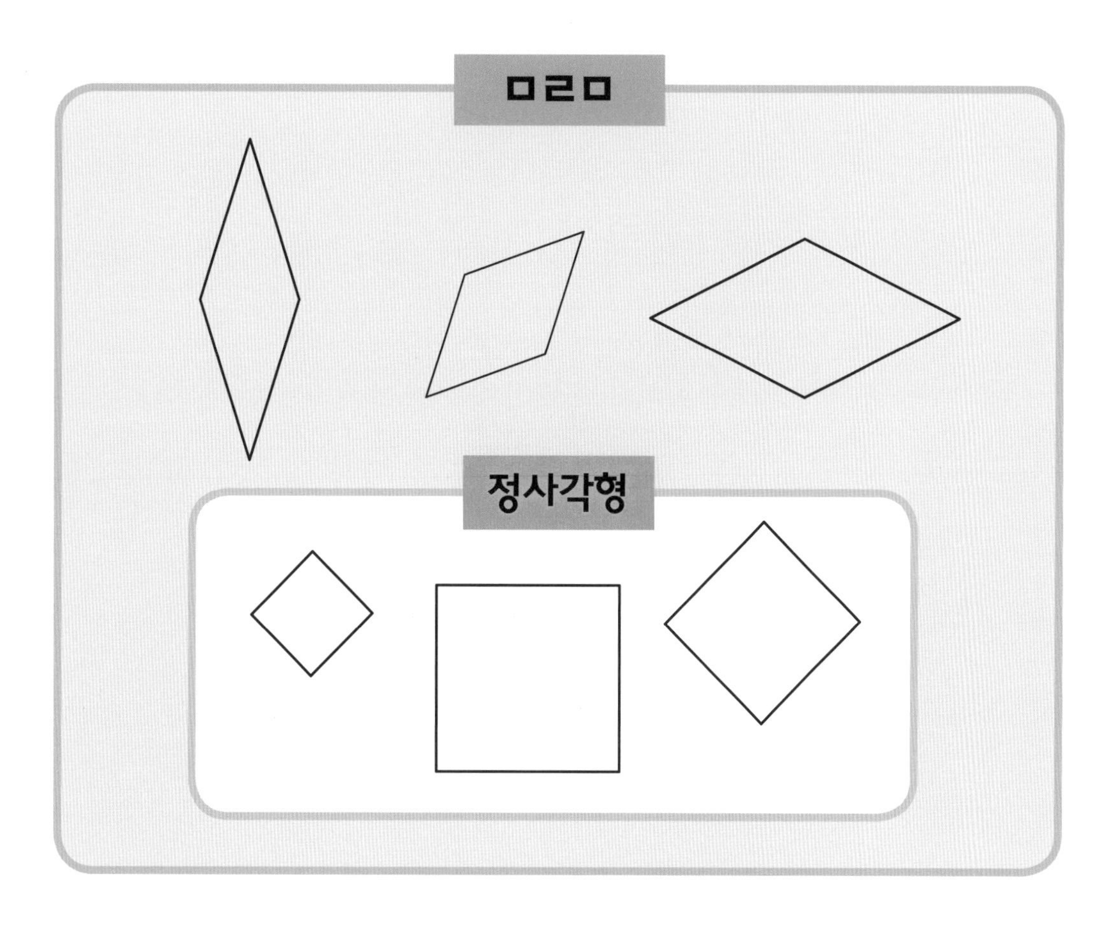

- ㅁ ㄹ ㅁ 는 변의 길이가 모두 같은 사각형입니다.
- **정사각형**은 각의 크기가 모두 같은 ㅁ ㄹ ㅁ 입니다.

정답

4 도형 용어를 개념도와 초성으로 잡자

초성을 보고 알맞은 도형 용어를 써 보세요.

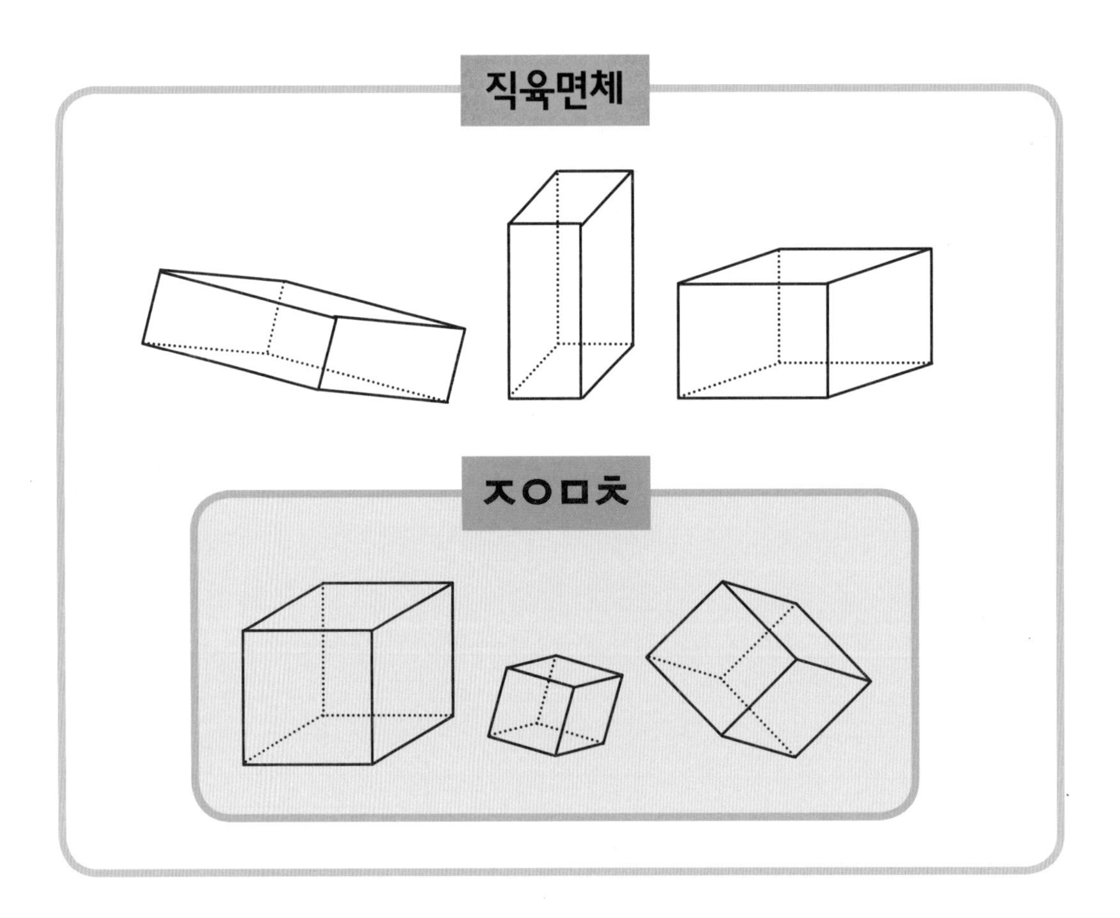

- **직육면체**는 여섯 개의 직사각형으로 이루어진 입체도형입니다.
- ㅈ ㅇ ㅁ ㅊ 는 여섯 개의 정사각형으로 이루어진 **직육면체**입니다.

정답 ______________

초성을 보고 알맞은 도형 용어를 써 보세요.

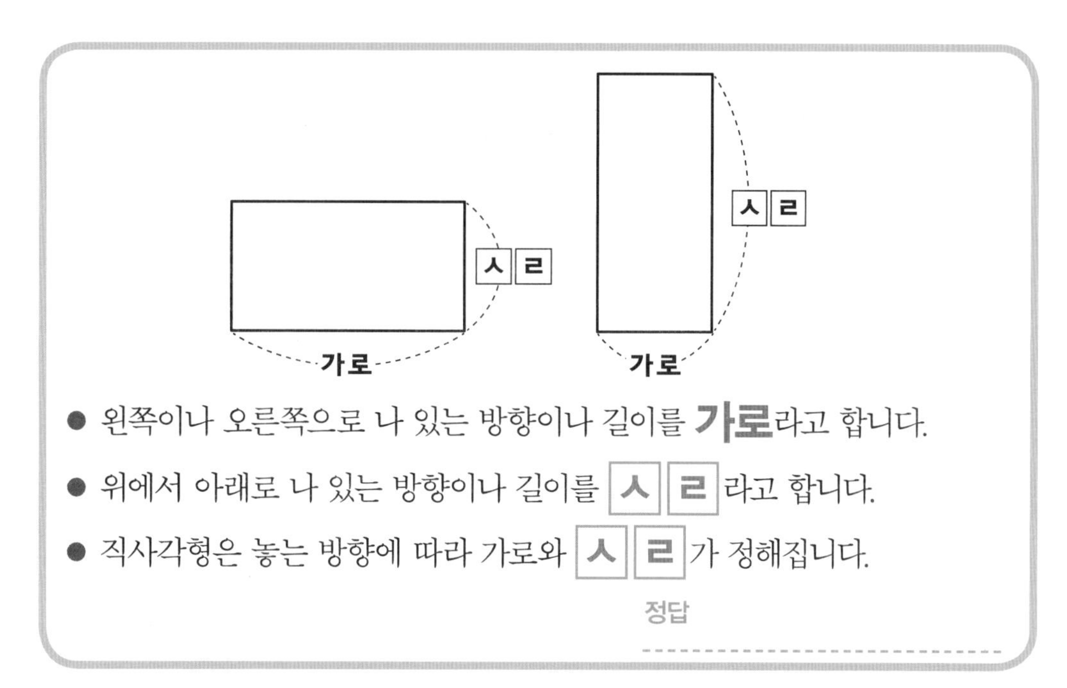

- 왼쪽이나 오른쪽으로 나 있는 방향이나 길이를 **가로**라고 합니다.
- 위에서 아래로 나 있는 방향이나 길이를 ㅅ ㄹ 라고 합니다.
- 직사각형은 놓는 방향에 따라 가로와 ㅅ ㄹ 가 정해집니다.

정답 ______________________

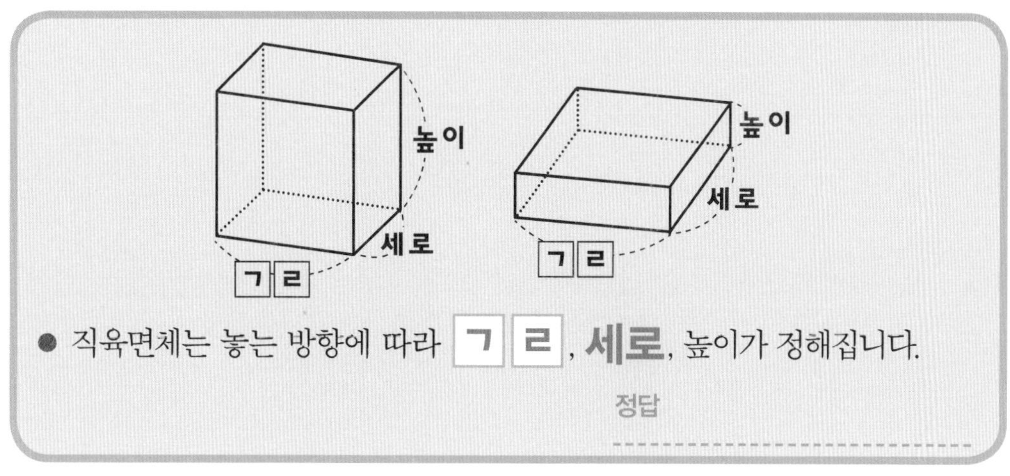

- 직육면체는 놓는 방향에 따라 ㄱ ㄹ, **세로**, 높이가 정해집니다.

정답 ______________________

도형 용어를 개념도와 초성으로 잡자

초성을 보고 알맞은 도형 용어를 써 보세요.

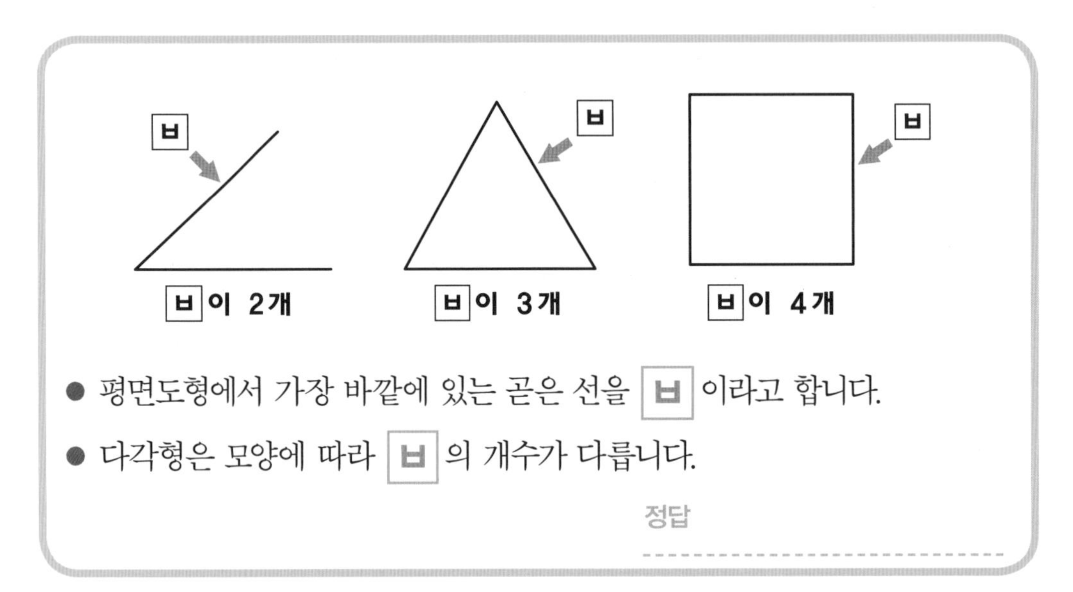

- 평면도형에서 가장 바깥에 있는 곧은 선을 ㅂ 이라고 합니다.
- 다각형은 모양에 따라 ㅂ 의 개수가 다릅니다.

정답

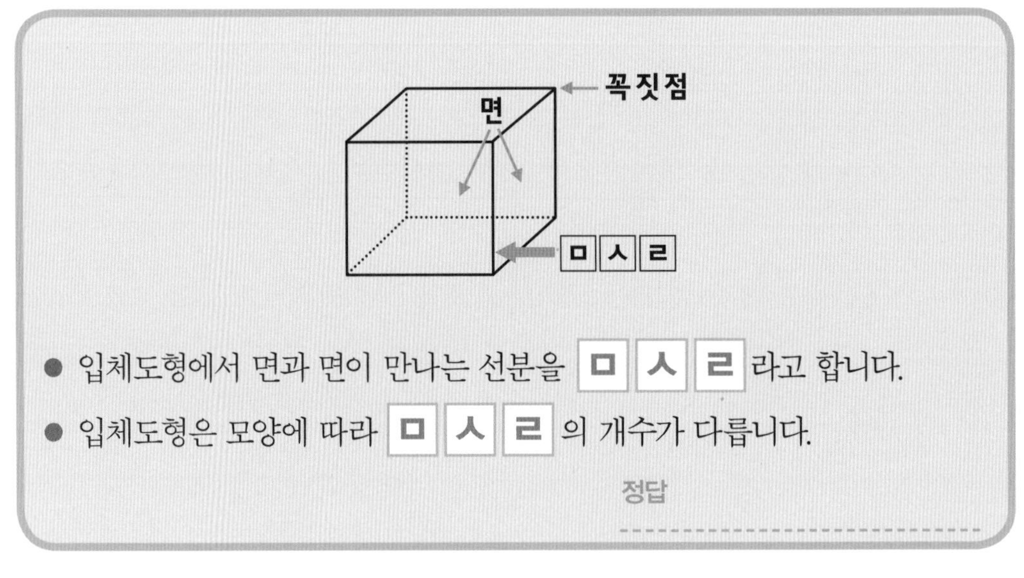

- 입체도형에서 면과 면이 만나는 선분을 ㅁㅅㄹ라고 합니다.
- 입체도형은 모양에 따라 ㅁㅅㄹ 의 개수가 다릅니다.

정답

초성을 보고 알맞은 도형 용어를 써 보세요.

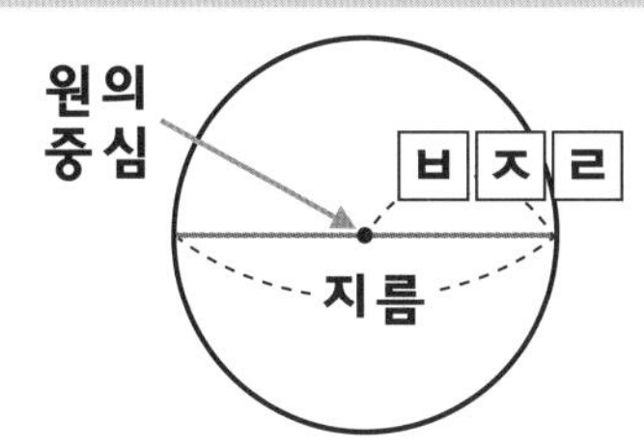

- 원의 중심을 지나도록 원 위의 두 점을 이은 선분 또는 그 선분의 길이를 **지름**이라 합니다.
- 원의 중심과 원 위의 한 점을 이은 선분 또는 그 선분의 길이를 ㅂ ㅈ ㄹ 이라 합니다.

정답 ____________________

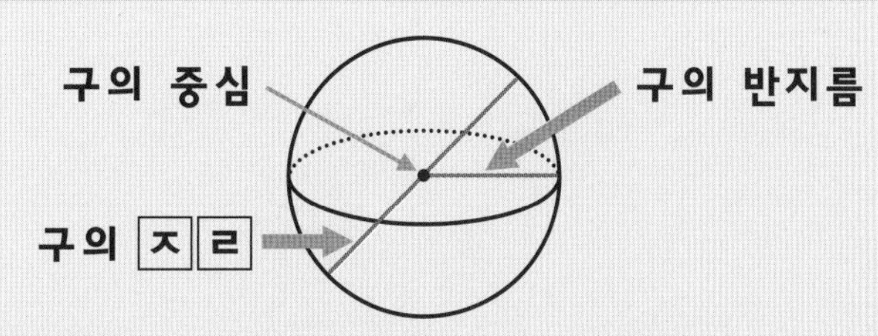

- 구의 중심을 지나도록 구 위의 두 점을 이은 선분 또는 그 선분의 길이를 ㅈ ㄹ 이라 합니다.
- 구의 중심과 구 위의 한 점을 이은 선분 또는 그 선분의 길이를 **반지름**이라 합니다.

정답 ____________________

도형 용어를 개념도와 초성으로 잡자

초성을 보고 알맞은 도형 용어를 써 보세요.

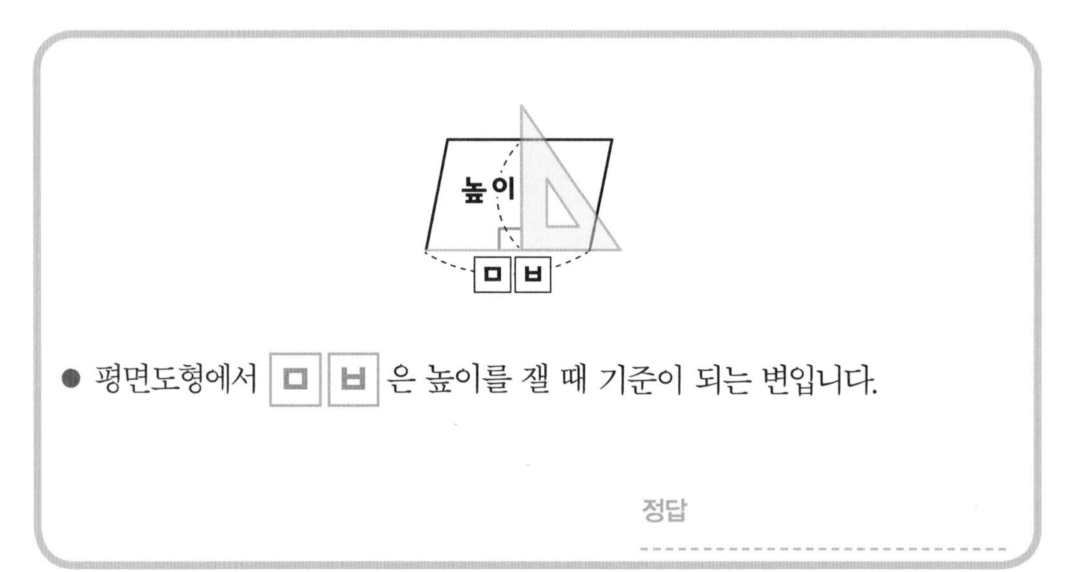

● 평면도형에서 ㅁ ㅂ 은 높이를 잴 때 기준이 되는 변입니다.

정답

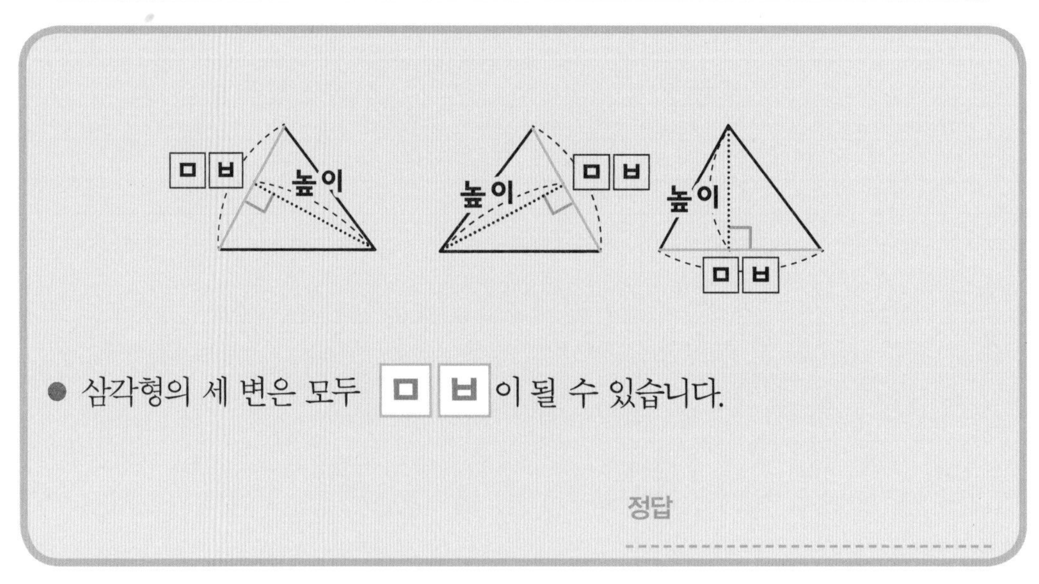

● 삼각형의 세 변은 모두 ㅁ ㅂ 이 될 수 있습니다.

정답

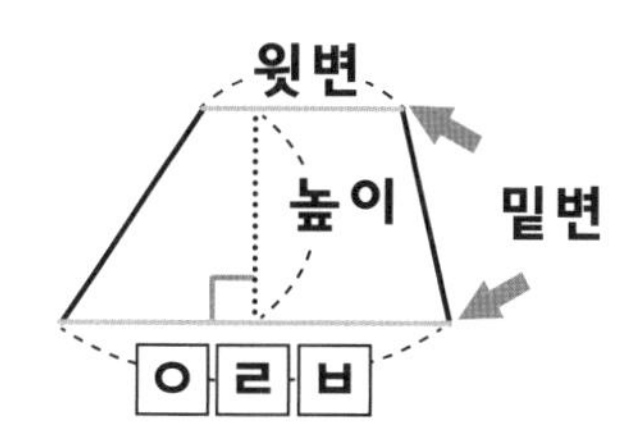

- 사다리꼴의 윗변과 ㅇ ㄹ ㅂ 은 모두 **밑변**이 될 수 있습니다.

정답 ______________________

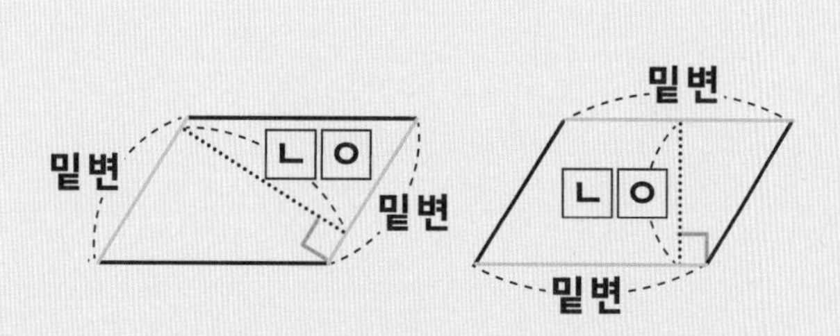

- 평행사변형의 네 변은 모두 **밑변**이 될 수 있습니다.
- 어떤 변을 밑변으로 정하는가에 따라 ㄴ ㅇ 가 결정됩니다.

정답 ______________________

4 도형 용어를 개념도와 초성으로 잡자

초성을 보고 알맞은 도형 용어를 써 보세요.

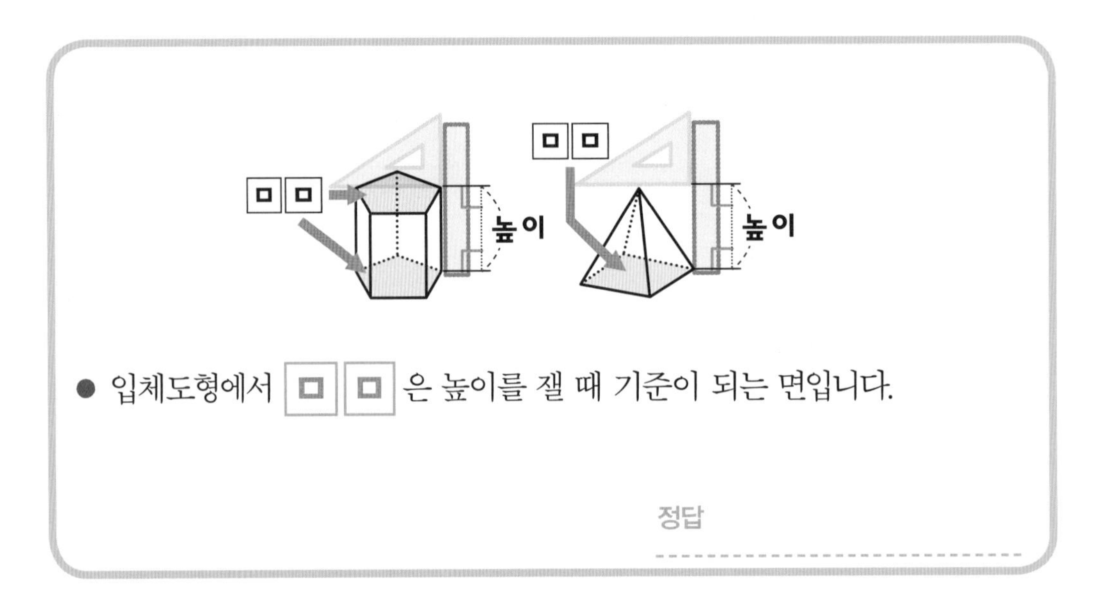

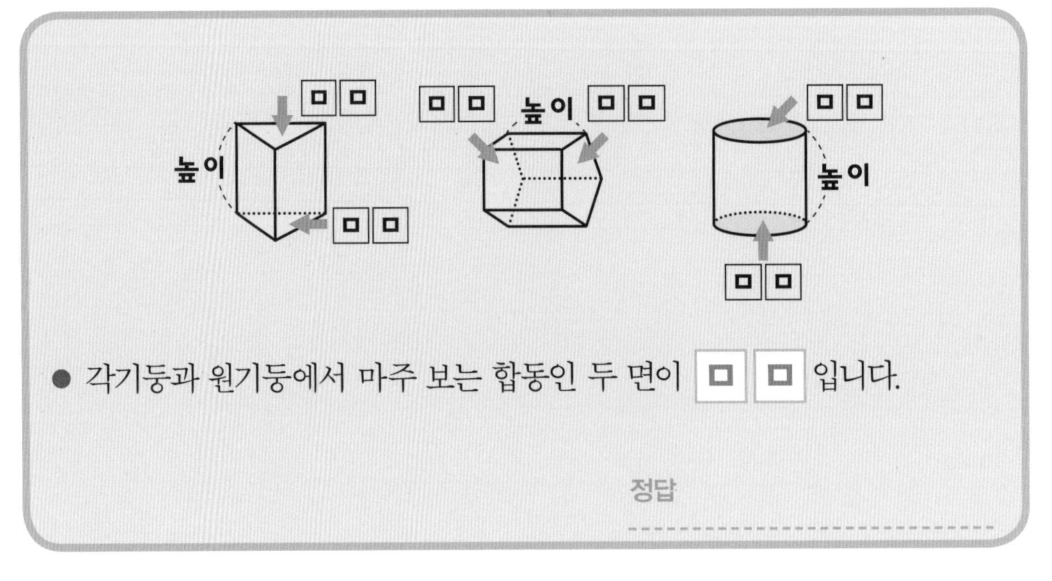

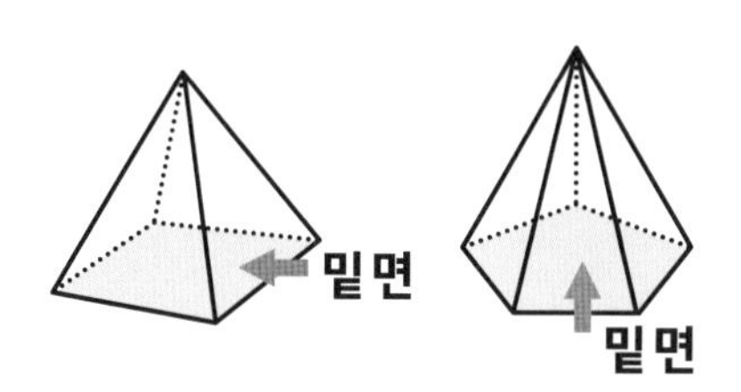

● 사각뿔의 밑면은 사각형이고, 오각뿔의 **밑면**은 ㅇ ㄱ ㅎ 입니다.

정답

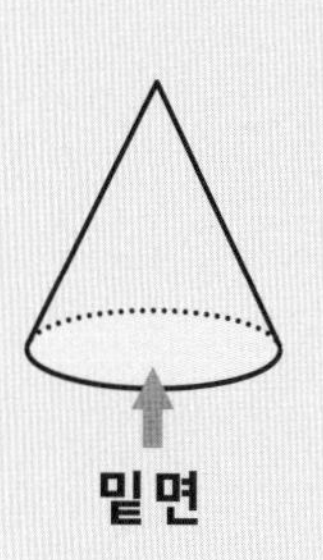

● 원뿔의 **밑면**은 ㅇ 입니다.

정답

도형 용어를 개념도와 초성으로 잡자

초성을 보고 알맞은 도형 용어를 써 보세요.

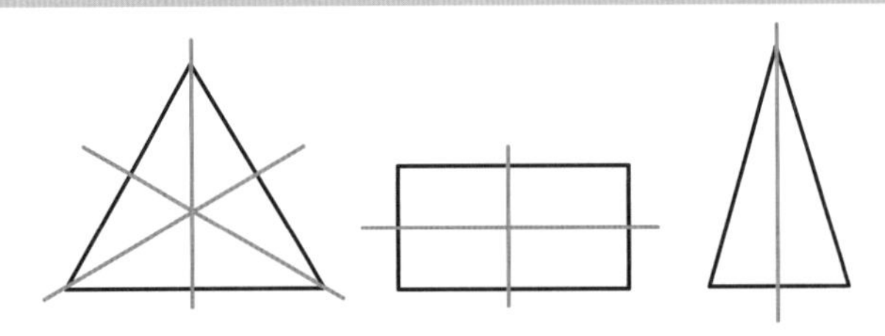

- 한 직선을 따라 접었을 때 완전히 겹치는 도형을 **선대칭도형**이라고 합니다.
- 이때 그 직선을 ㄷ ㅊ ㅊ 이라 합니다. ㄷ ㅊ ㅊ 의 개수는 도형에 따라 다릅니다.

정답 ______________________

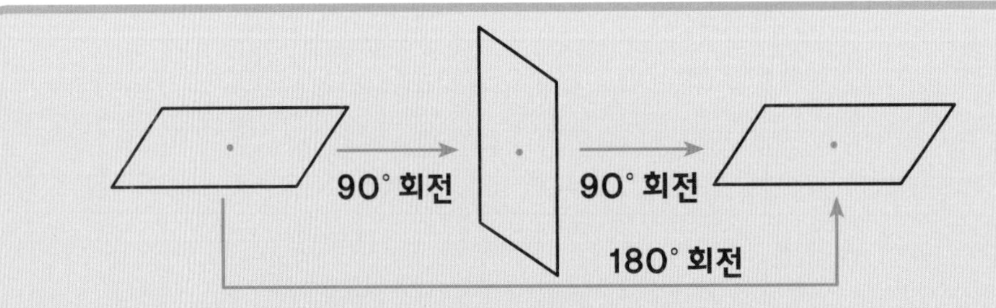

- 한 도형을 어떤 점을 중심으로 180° 돌렸을 때 처음 도형과 완전히 겹치면 이 도형을 ㅈ ㄷ ㅊ ㄷ ㅎ 이라 합니다.
- 직사각형은 **선대칭도형**이면서 ㅈ ㄷ ㅊ ㄷ ㅎ 이기도 합니다.

정답 ______________________

정답

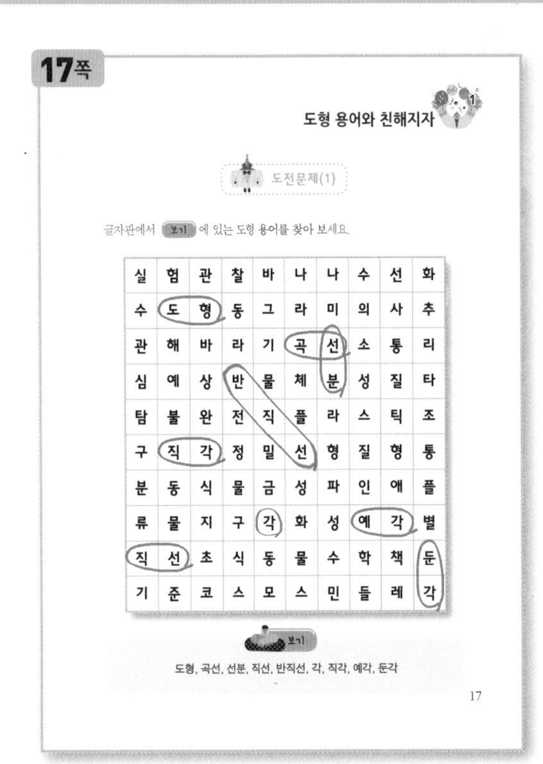

17쪽

도형 용어와 친해지자

도전문제(1)

글자판에서 보기 에 있는 도형 용어를 찾아 보세요.

실	험	관	찰	바	나	나	수	선	화
수	도	형	동	그	라	미	의	사	추
관	해	바	라	기	곡	선	소	통	리
심	예	상	반	물	체	분	성	질	타
탐	불	완	전	직	플	라	스	틱	조
구	직	각	정	밀	선	형	질	형	통
분	동	식	물	금	성	파	인	애	플
류	물	지	구	각	화	성	예	각	별
직	선	초	식	동	물	수	학	책	둔
기	준	코	스	모	스	민	들	레	각

보기

도형, 곡선, 선분, 직선, 반직선, 각, 직각, 예각, 둔각

17

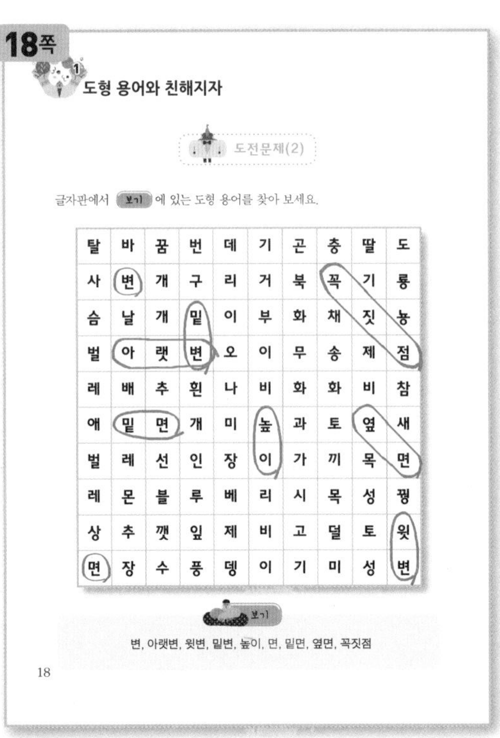

18쪽

도형 용어와 친해지자

도전문제(2)

글자판에서 보기 에 있는 도형 용어를 찾아 보세요.

탈	바	꿈	번	데	기	곤	충	딸	도
사	변	개	구	리	거	북	꼭	기	룡
솜	날	개	밑	이	부	화	채	짓	농
벌	아	랫	변	오	이	무	송	제	점
레	배	추	흰	나	비	화	화	비	참
애	밑	면	개	미	높	과	토	옆	새
벌	레	선	인	장	이	가	끼	목	면
레	몬	블	루	베	리	시	목	성	꿩
상	추	깻	잎	제	비	고	덜	토	윗
면	장	수	풍	뎅	이	기	미	성	변

보기

변, 아랫변, 윗변, 밑변, 높이, 면, 밑면, 옆면, 꼭짓점

18

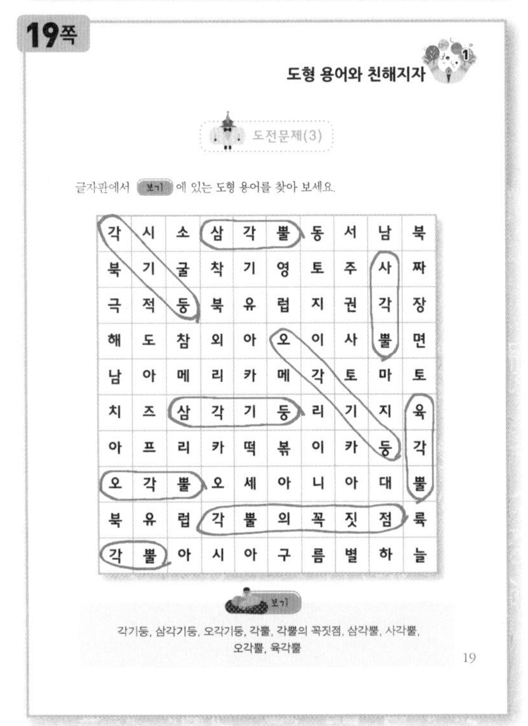

19쪽

도형 용어와 친해지자

도전문제(3)

글자판에서 보기 에 있는 도형 용어를 찾아 보세요.

각	시	소	삼	각	뿔	동	서	남	북
북	기	굴	착	기	영	토	주	사	짜
극	적	둥	북	유	럽	지	권	각	장
해	도	참	외	아	오	이	사	뿔	면
남	아	메	리	카	메	각	토	마	토
치	즈	삼	각	기	둥	리	기	지	육
아	프	리	카	떡	볶	이	카	둥	각
오	각	뿔	오	세	아	니	아	대	뿔
북	유	럽	각	뿔	의	꼭	짓	점	륙
각	뿔	아	시	아	구	름	별	하	늘

보기

각기둥, 삼각기둥, 오각기둥, 각뿔, 각뿔의 꼭짓점, 삼각뿔, 사각뿔, 오각뿔, 육각뿔

19

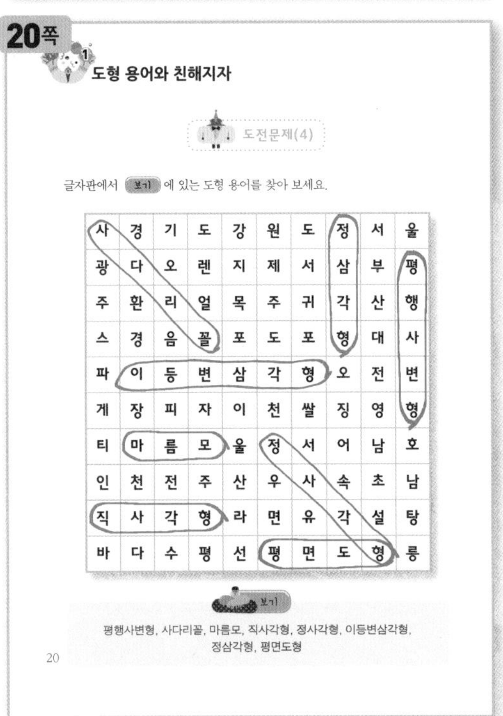

20쪽

도형 용어와 친해지자

도전문제(4)

글자판에서 보기 에 있는 도형 용어를 찾아 보세요.

사	경	기	도	강	원	도	정	서	울
광	다	오	렌	지	제	서	삼	부	평
주	환	리	얼	목	주	귀	각	산	행
스	경	음	꼴	포	도	포	형	대	사
파	이	등	변	삼	각	형	오	전	변
게	장	피	자	이	천	쌀	징	영	형
티	마	름	모	울	정	서	어	남	호
인	천	전	주	산	우	사	속	초	남
직	사	각	형	라	면	유	각	설	탕
바	다	수	평	선	평	면	도	형	릉

보기

평행사변형, 사다리꼴, 마름모, 직사각형, 정사각형, 이등변삼각형, 정삼각형, 평면도형

20

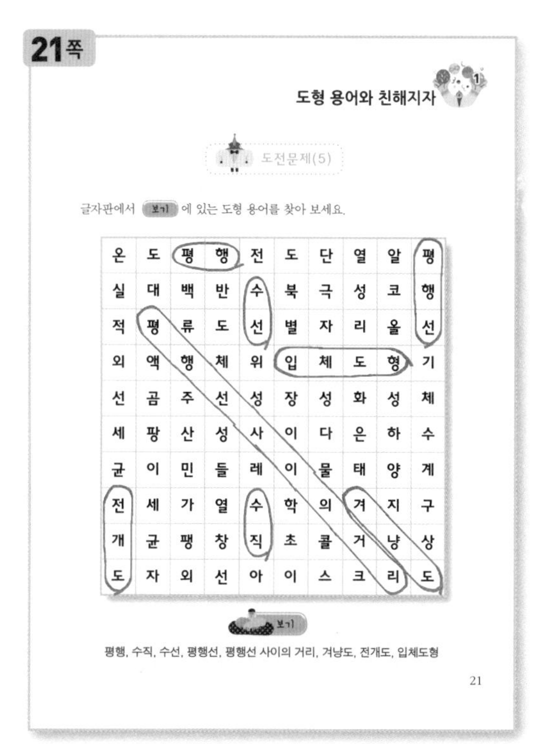

21쪽

도형 용어와 친해지자

도전문제(5)

글자판에서 보기 에 있는 도형 용어를 찾아 보세요.

온	도	평	행	전	도	단	열	알	평
실	대	백	반	수	북	극	성	코	행
적	평	류	도	선	별	자	리	올	선
외	액	행	체	위	입	체	도	형	기
선	곰	주	선	성	장	성	화	성	체
세	팡	산	성	사	이	다	은	하	수
균	이	민	들	레	이	물	태	양	계
전	세	가	열	수	학	의	겨	지	구
개	균	팽	창	직	초	콜	거	냥	상
도	자	외	선	아	이	스	크	리	도

보기

평행, 수직, 수선, 평행선, 평행선 사이의 거리, 겨냥도, 전개도, 입체도형

21

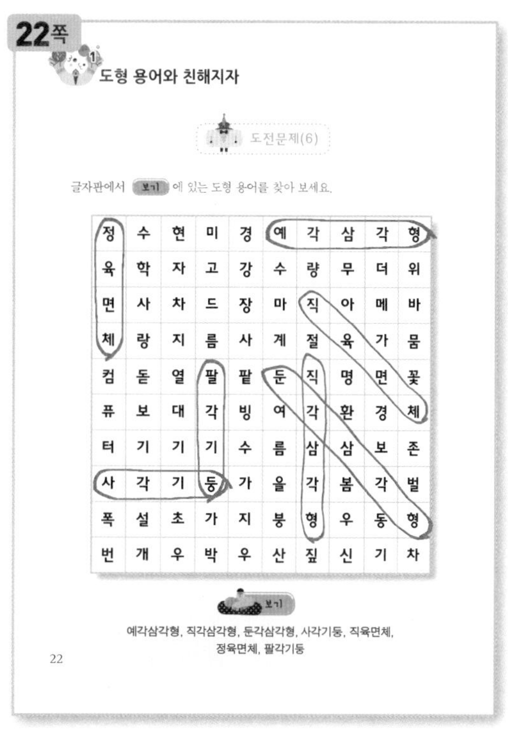

22쪽

도형 용어와 친해지자

도전문제(6)

글자판에서 보기 에 있는 도형 용어를 찾아 보세요.

정	수	현	미	경	예	각	삼	각	형
육	학	자	고	강	수	량	무	더	위
면	사	차	드	장	마	직	아	메	바
체	랑	지	름	사	계	절	육	가	뭄
컴	돋	열	팔	팥	둔	직	명	면	꽃
퓨	보	대	각	빙	여	각	환	경	체
터	기	기	기	수	름	삼	삼	보	존
사	각	기	둥	가	을	각	봄	각	벌
폭	설	초	가	지	붕	형	우	동	형
번	개	우	박	우	산	짚	신	기	차

보기

예각삼각형, 직각삼각형, 둔각삼각형, 사각기둥, 직육면체, 정육면체, 팔각기둥

22

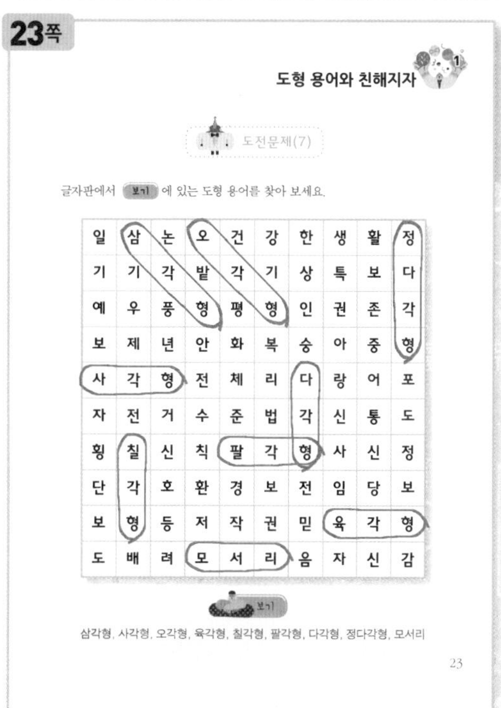

23쪽

도형 용어와 친해지자

도전문제(7)

글자판에서 보기 에 있는 도형 용어를 찾아 보세요.

일	삼	논	오	건	강	한	생	활	정
기	기	각	밭	각	기	상	특	보	다
예	우	풍	형	평	형	인	권	존	각
보	제	년	안	화	복	숭	아	중	형
사	각	형	전	체	리	다	랑	어	포
자	전	거	수	준	법	각	신	통	도
횡	칠	신	칙	팔	각	형	사	신	정
단	각	호	환	경	보	전	임	당	보
보	형	등	저	작	권	믿	육	각	형
도	배	려	모	서	리	음	자	신	감

보기

삼각형, 사각형, 오각형, 육각형, 칠각형, 팔각형, 다각형, 정다각형, 모서리

23

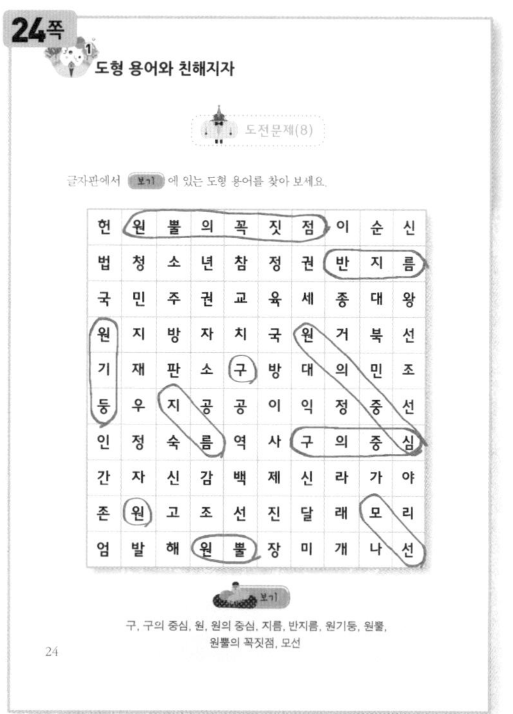

24쪽

도형 용어와 친해지자

도전문제(8)

글자판에서 보기 에 있는 도형 용어를 찾아 보세요.

헌	원	뿔	의	꼭	짓	점	이	순	신
법	청	소	년	참	정	권	반	지	름
국	민	주	권	교	육	세	종	대	왕
원	지	방	자	치	국	원	거	북	선
기	재	판	소	구	방	대	의	민	조
둥	우	지	공	공	이	익	정	중	선
인	정	숙	름	역	사	구	의	중	심
간	자	신	감	백	제	신	라	가	야
존	원	고	조	선	진	달	래	모	리
엄	발	해	원	뿔	장	미	개	나	선

보기

구, 구의 중심, 원, 원의 중심, 지름, 반지름, 원기둥, 원뿔, 원뿔의 꼭짓점, 모선

24

25쪽

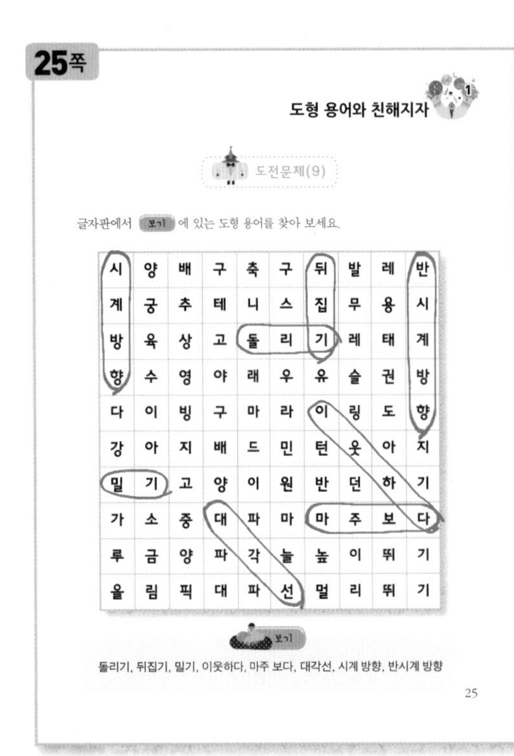

도형 용어와 친해지자

도전문제(9)

글자판에서 보기 에 있는 도형 용어를 찾아 보세요.

시	양	배	구	축	구	뒤	발	레	반
계	궁	추	테	니	스	집	무	용	시
방	욱	상	고	돌	리	기	레	태	계
향	수	영	야	래	우	유	슬	권	방
다	이	빙	구	마	라	이	링	도	향
강	아	지	배	드	민	턴	웃	아	지
밀	기	고	양	이	원	반	던	하	기
가	소	중	대	파	마	마	주	보	다
루	금	양	파	각	늘	높	이	뛰	기
올	림	픽	대	파	선	멀	리	뛰	기

보기

돌리기, 뒤집기, 밀기, 이웃하다, 마주 보다, 대각선, 시계 방향, 반시계 방향

25

26쪽

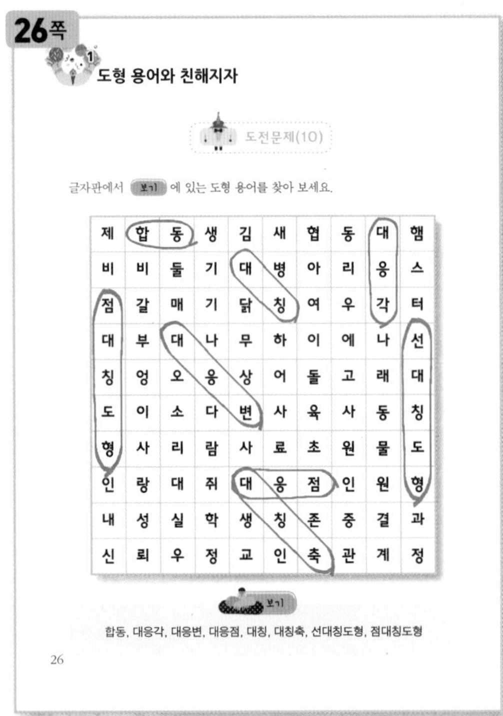

도형 용어와 친해지자

도전문제(10)

글자판에서 보기 에 있는 도형 용어를 찾아 보세요.

제	합	동	생	김	새	협	동	대	햄
비	비	둘	기	대	병	아	리	응	스
점	갈	매	기	닭	칭	여	우	각	터
대	부	대	나	무	하	이	에	나	선
칭	엉	오	응	상	어	돌	고	래	대
도	이	소	다	변	사	육	사	동	칭
형	사	리	람	사	료	초	원	물	도
인	랑	대	쥐	대	응	점	인	원	형
내	성	실	학	생	칭	존	중	결	과
신	뢰	우	정	교	인	축	관	계	정

보기

합동, 대응각, 대응변, 대응점, 대칭, 대칭축, 선대칭도형, 점대칭도형

26

29쪽

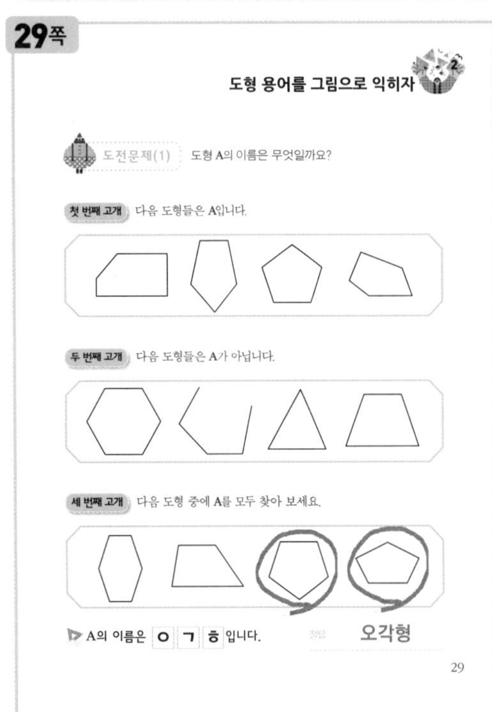

도형 용어를 그림으로 익히자

도전문제(1) 도형 A의 이름은 무엇일까요?

첫 번째 고개 다음 도형들은 A입니다.

두 번째 고개 다음 도형들은 A가 아닙니다.

세 번째 고개 다음 도형 중에 A를 모두 찾아 보세요.

A의 이름은 ㅇ ㄱ ㅎ 입니다. 정답 오각형

29

30쪽

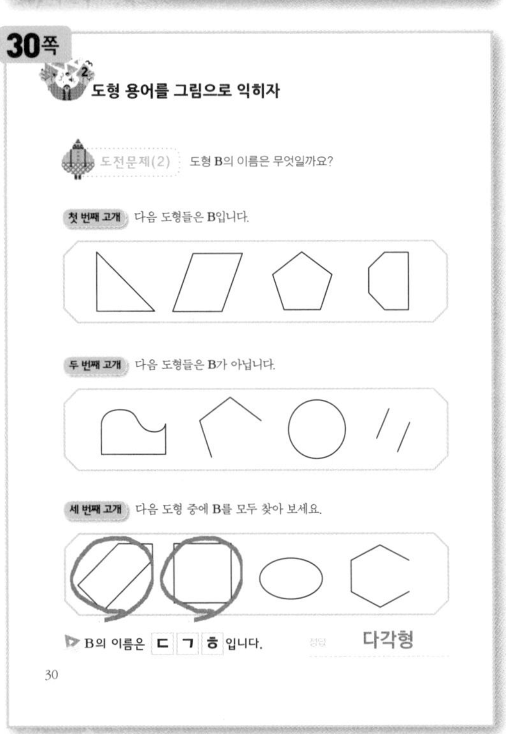

도형 용어를 그림으로 익히자

도전문제(2) 도형 B의 이름은 무엇일까요?

첫 번째 고개 다음 도형들은 B입니다.

두 번째 고개 다음 도형들은 B가 아닙니다.

세 번째 고개 다음 도형 중에 B를 모두 찾아 보세요.

B의 이름은 ㄷ ㄱ ㅎ 입니다. 정답 다각형

30

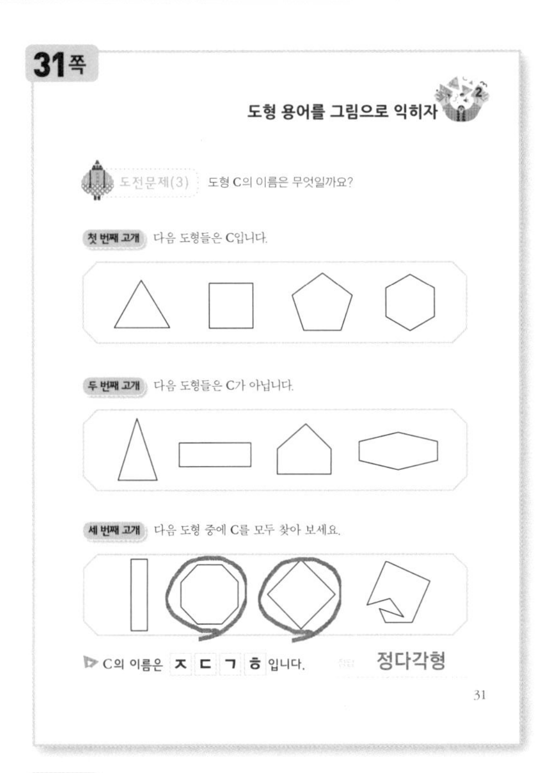

31쪽

도형 용어를 그림으로 익히자

도전문제(3) 도형 C의 이름은 무엇일까요?

첫 번째 고개 다음 도형들은 C입니다.

두 번째 고개 다음 도형들은 C가 아닙니다.

세 번째 고개 다음 도형 중에 C를 모두 찾아 보세요.

▷ C의 이름은 ㅈ ㄷ ㄱ ㅎ 입니다. 정답 정다각형

31

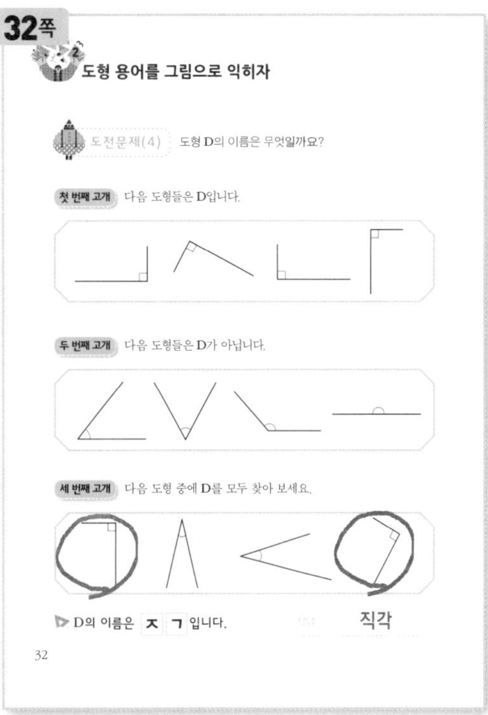

32쪽

도형 용어를 그림으로 익히자

도전문제(4) 도형 D의 이름은 무엇일까요?

첫 번째 고개 다음 도형들은 D입니다.

두 번째 고개 다음 도형들은 D가 아닙니다.

세 번째 고개 다음 도형 중에 D를 모두 찾아 보세요.

▷ D의 이름은 ㅈ ㄱ 입니다. 정답 직각

32

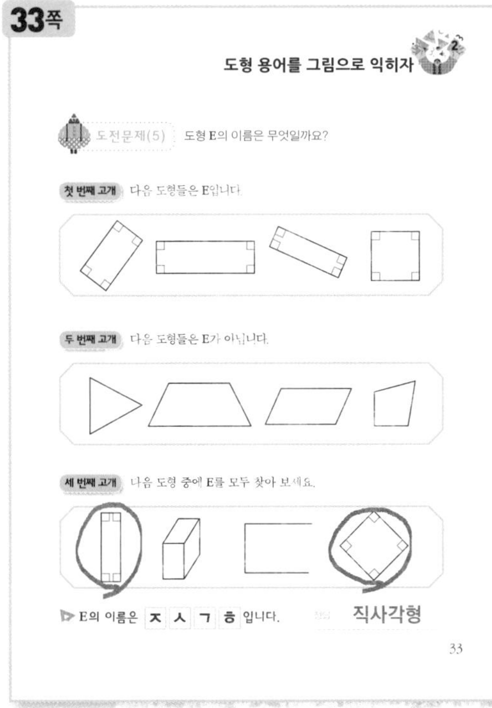

33쪽

도형 용어를 그림으로 익히자

도전문제(5) 도형 E의 이름은 무엇일까요?

첫 번째 고개 다음 도형들은 E입니다.

두 번째 고개 다음 도형들은 E가 아닙니다.

세 번째 고개 다음 도형 중에 E를 모두 찾아 보세요.

▷ E의 이름은 ㅈ ㅅ ㄱ ㅎ 입니다. 정답 직사각형

33

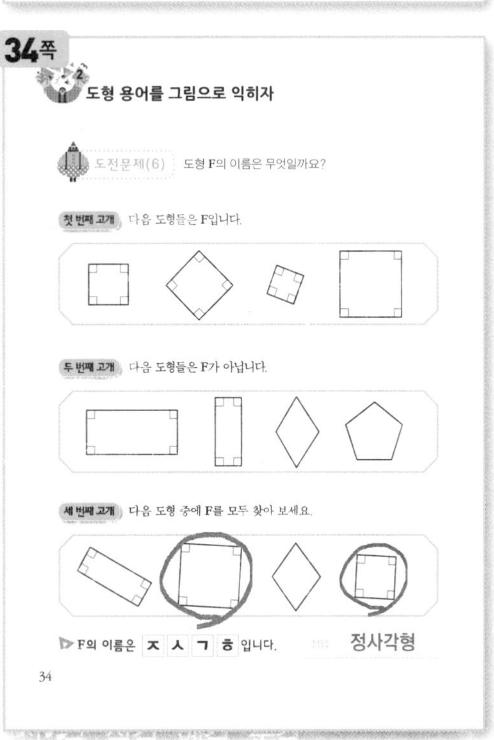

34쪽

도형 용어를 그림으로 익히자

도전문제(6) 도형 F의 이름은 무엇일까요?

첫 번째 고개 다음 도형들은 F입니다.

두 번째 고개 다음 도형들은 F가 아닙니다.

세 번째 고개 다음 도형 중에 F를 모두 찾아 보세요.

▷ F의 이름은 ㅈ ㅅ ㄱ ㅎ 입니다. 정답 정사각형

34

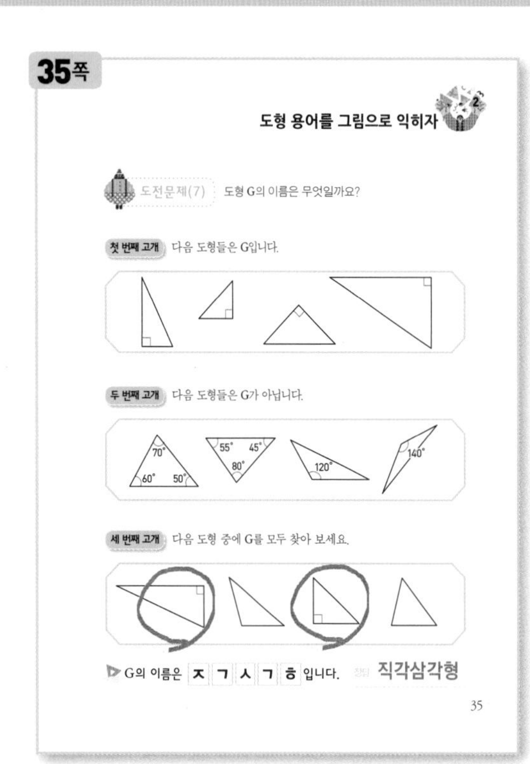

35쪽

도형 용어를 그림으로 익히자

도전문제(7) 도형 G의 이름은 무엇일까요?

첫 번째 고개 다음 도형들은 G입니다.

두 번째 고개 다음 도형들은 G가 아닙니다.

70° 60° 50° 55° 45° 80° 120° 140°

세 번째 고개 다음 도형 중에 G를 모두 찾아 보세요.

G의 이름은 ㅈ ㄱ ㅅ ㄱ ㅎ 입니다. 정답 직각삼각형

35

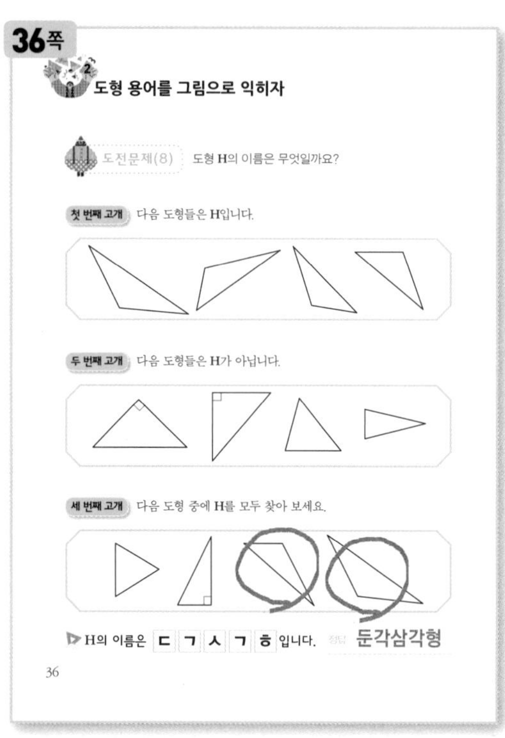

36쪽

도형 용어를 그림으로 익히자

도전문제(8) 도형 H의 이름은 무엇일까요?

첫 번째 고개 다음 도형들은 H입니다.

두 번째 고개 다음 도형들은 H가 아닙니다.

세 번째 고개 다음 도형 중에 H를 모두 찾아 보세요.

H의 이름은 ㄷ ㄱ ㅅ ㄱ ㅎ 입니다. 정답 둔각삼각형

36

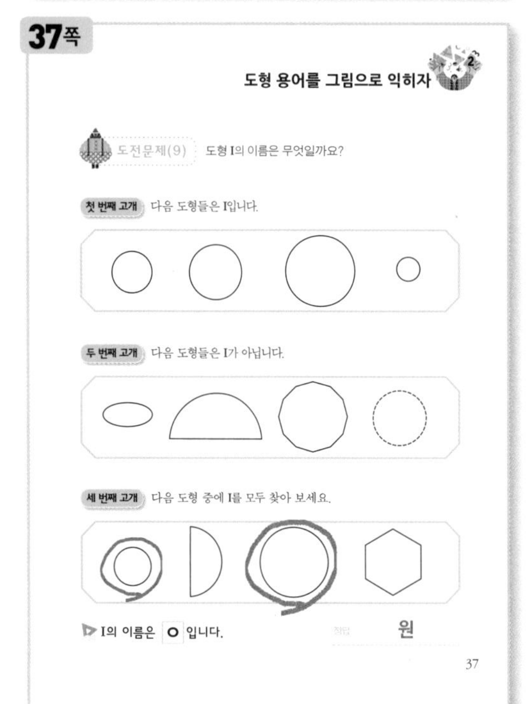

37쪽

도형 용어를 그림으로 익히자

도전문제(9) 도형 I의 이름은 무엇일까요?

첫 번째 고개 다음 도형들은 I입니다.

두 번째 고개 다음 도형들은 I가 아닙니다.

세 번째 고개 다음 도형 중에 I를 모두 찾아 보세요.

I의 이름은 ㅇ 입니다. 정답 원

37

38쪽

도형 용어를 그림으로 익히자

도전문제(10) 도형 J의 이름은 무엇일까요?

첫 번째 고개 다음 도형들은 J입니다.

두 번째 고개 다음 도형들은 J가 아닙니다.

세 번째 고개 다음 도형 중에 J를 모두 찾아 보세요.

J의 이름은 ㄱ 입니다. 정답 구

38

39쪽

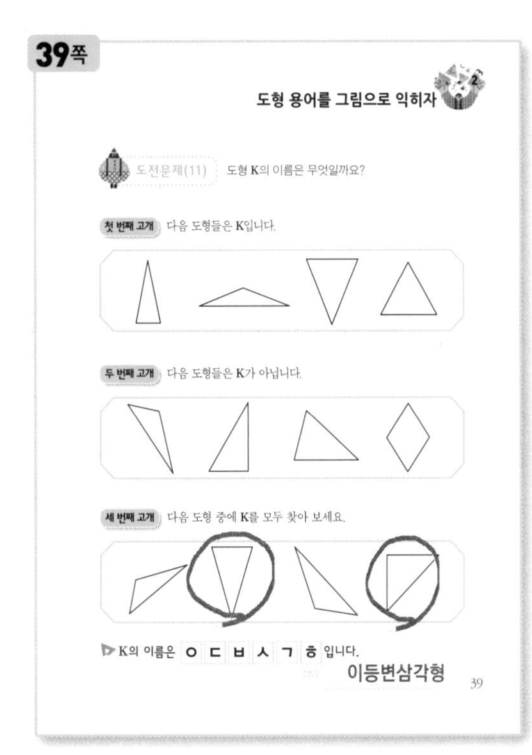

40쪽

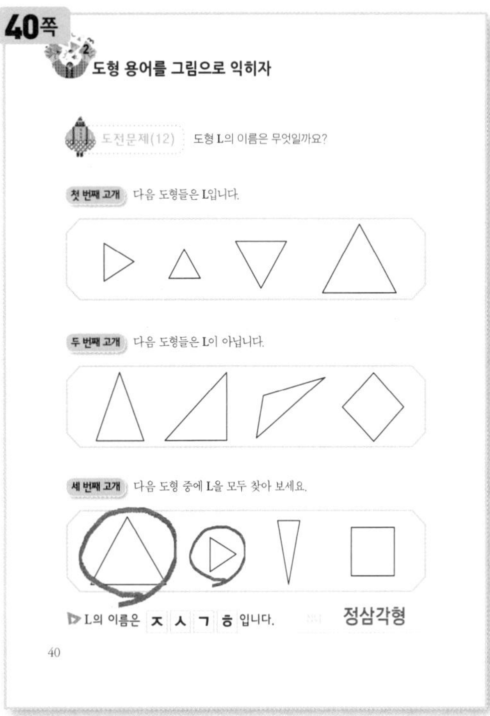

41쪽

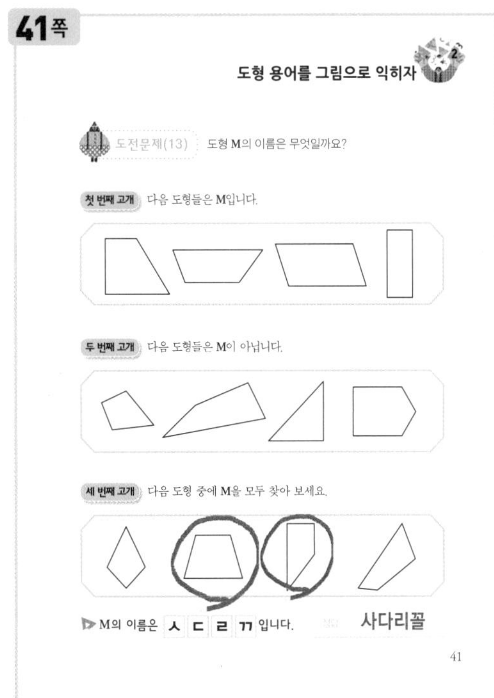

42쪽

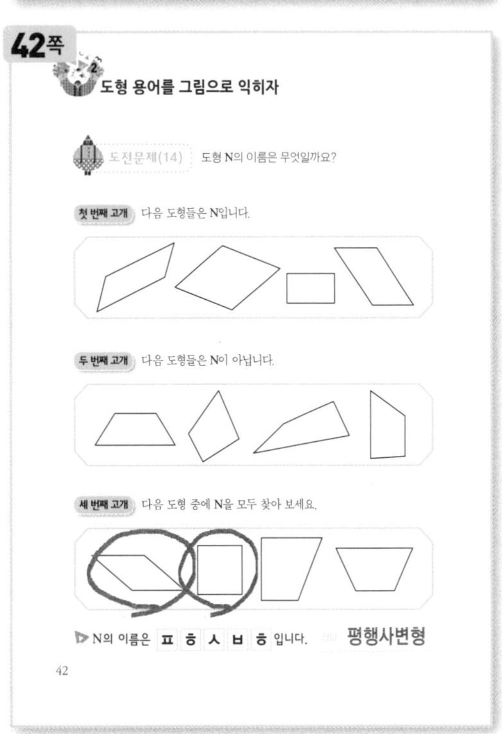

43쪽

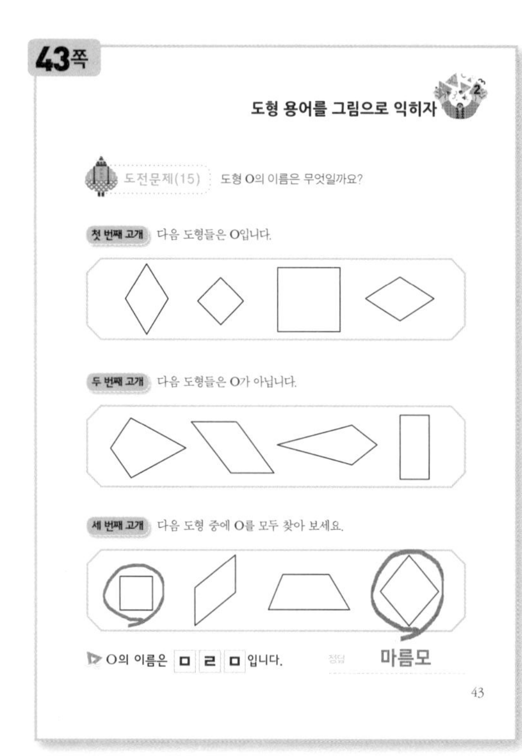

도형 용어를 그림으로 익히자

도전문제(15) 도형 O의 이름은 무엇일까요?

첫 번째 고개 다음 도형들은 O입니다.

두 번째 고개 다음 도형들은 O가 아닙니다.

세 번째 고개 다음 도형 중에 O를 모두 찾아 보세요.

▷ O의 이름은 ㅁ ㄹ ㅁ 입니다. 정답 마름모

43

44쪽

도형 용어를 그림으로 익히자

도전문제(16) 도형 P의 이름은 무엇일까요?

첫 번째 고개 다음 도형들은 P입니다.

두 번째 고개 다음 도형들은 P가 아닙니다.

세 번째 고개 다음 도형 중에 P를 모두 찾아 보세요.

▷ P의 이름은 ㅍ ㅁ ㄷ ㅎ 입니다. 정답 평면도형

44

45쪽

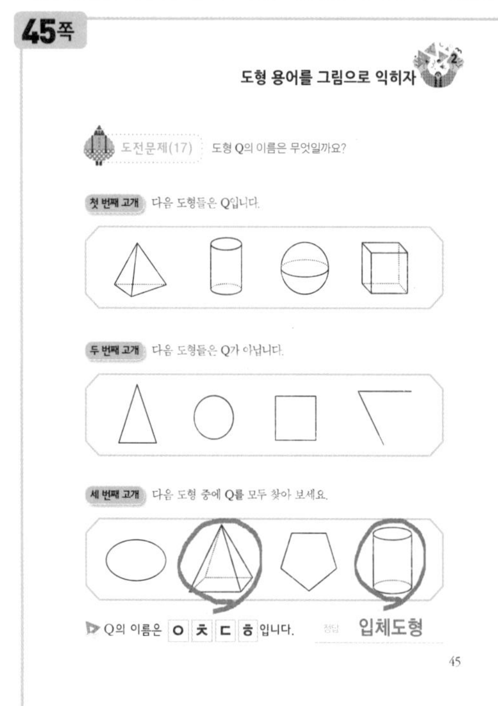

도형 용어를 그림으로 익히자

도전문제(17) 도형 Q의 이름은 무엇일까요?

첫 번째 고개 다음 도형들은 Q입니다.

두 번째 고개 다음 도형들은 Q가 아닙니다.

세 번째 고개 다음 도형 중에 Q를 모두 찾아 보세요.

▷ Q의 이름은 ㅇ ㅊ ㄷ ㅎ 입니다. 정답 입체도형

45

46쪽

도형 용어를 그림으로 익히자

도전문제(18) 도형 R의 이름은 무엇일까요?

첫 번째 고개 다음 도형들은 R입니다.

두 번째 고개 다음 도형들은 R이 아닙니다.

세 번째 고개 다음 도형 중에 R을 모두 찾아 보세요.

▷ R의 이름은 ㄱ ㄱ ㄷ 입니다. 정답 각기둥

46

47쪽

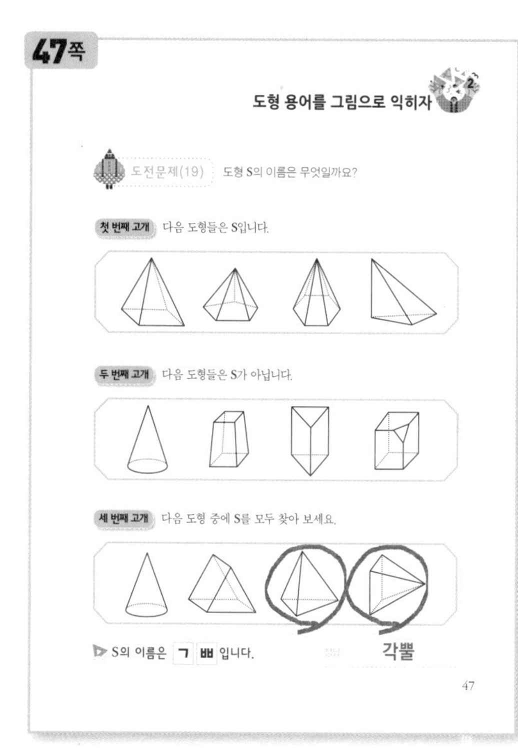

48쪽

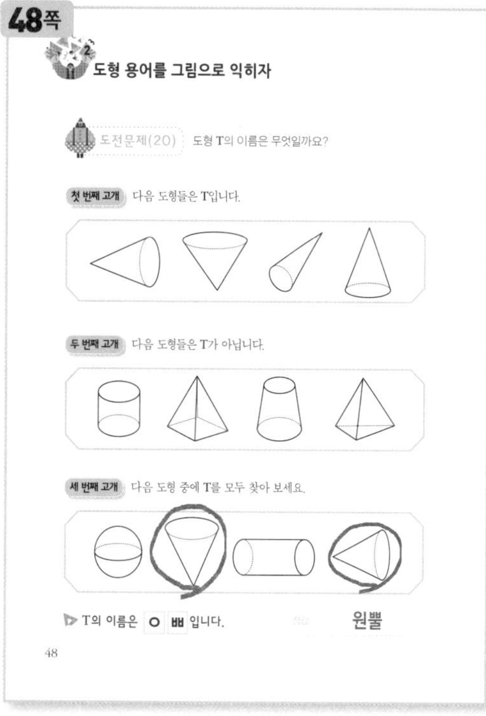

49쪽

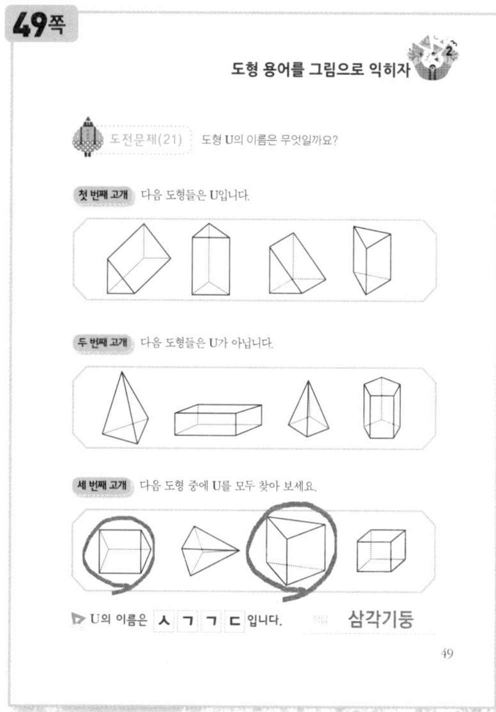

50쪽

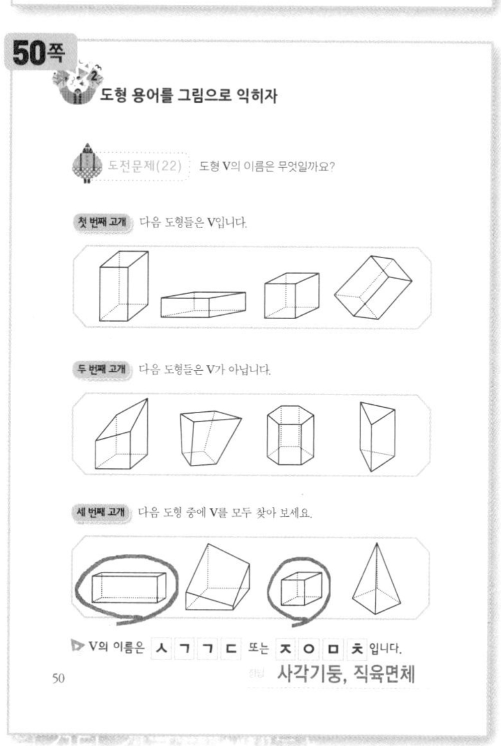

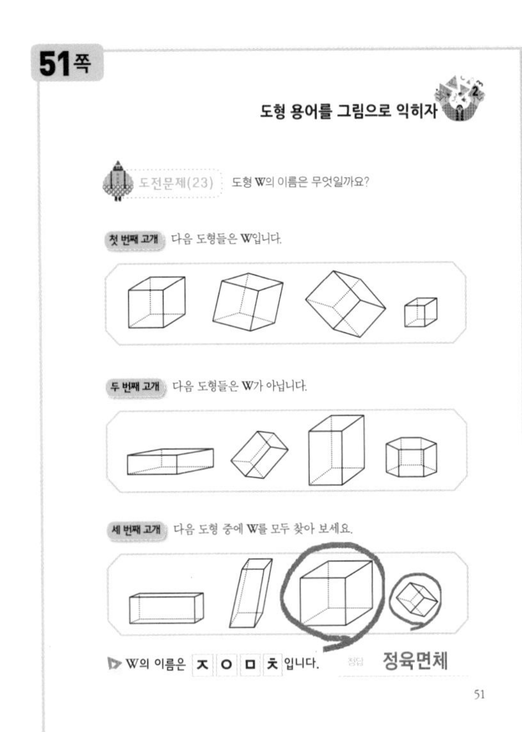
51쪽

도형 용어를 그림으로 익히자

도전문제(23) 도형 W의 이름은 무엇일까요?

첫 번째 고개 다음 도형들은 W입니다.

두 번째 고개 다음 도형들은 W가 아닙니다.

세 번째 고개 다음 도형 중에 W를 모두 찾아 보세요.

W의 이름은 ㅈ ㅇ ㅁ ㅊ 입니다. 정답 정육면체

51

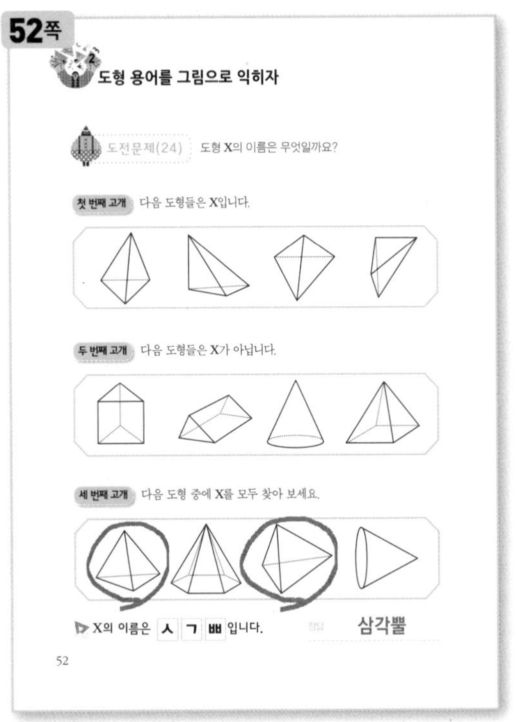
52쪽

도형 용어를 그림으로 익히자

도전문제(24) 도형 X의 이름은 무엇일까요?

첫 번째 고개 다음 도형들은 X입니다.

두 번째 고개 다음 도형들은 X가 아닙니다.

세 번째 고개 다음 도형 중에 X를 모두 찾아 보세요.

X의 이름은 ㅅ ㄱ ㅃ 입니다. 정답 삼각뿔

52

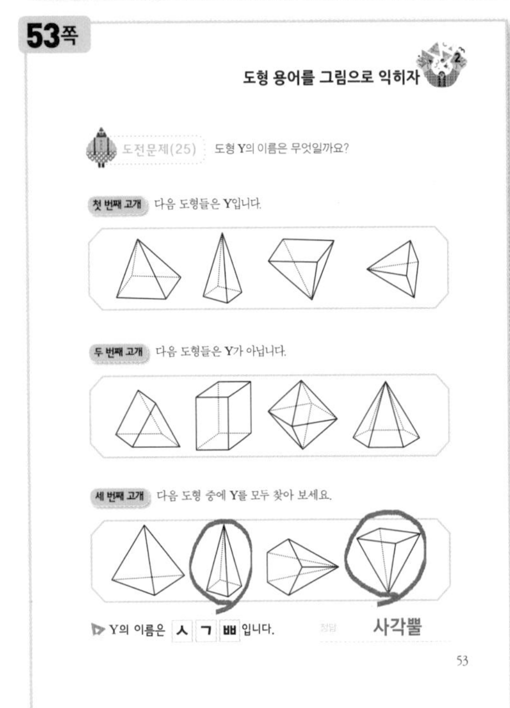
53쪽

도형 용어를 그림으로 익히자

도전문제(25) 도형 Y의 이름은 무엇일까요?

첫 번째 고개 다음 도형들은 Y입니다.

두 번째 고개 다음 도형들은 Y가 아닙니다.

세 번째 고개 다음 도형 중에 Y를 모두 찾아 보세요.

Y의 이름은 ㅅ ㄱ ㅃ 입니다. 정답 사각뿔

53

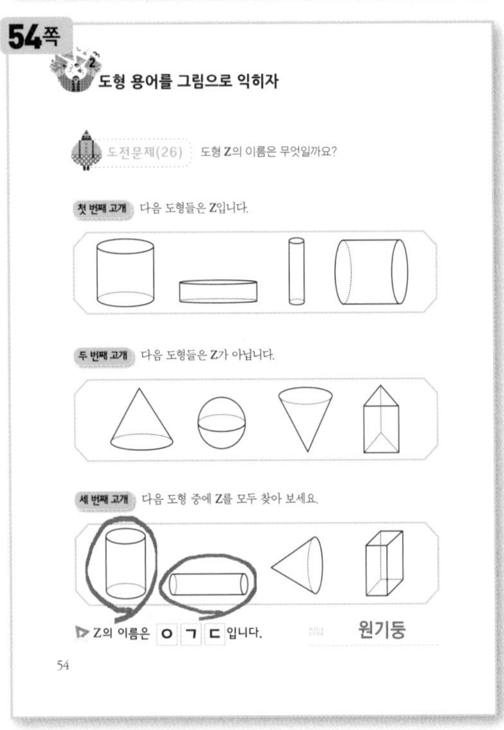
54쪽

도형 용어를 그림으로 익히자

도전문제(26) 도형 Z의 이름은 무엇일까요?

첫 번째 고개 다음 도형들은 Z입니다.

두 번째 고개 다음 도형들은 Z가 아닙니다.

세 번째 고개 다음 도형 중에 Z를 모두 찾아 보세요.

Z의 이름은 ㅇ ㄱ ㄷ 입니다. 정답 원기둥

54

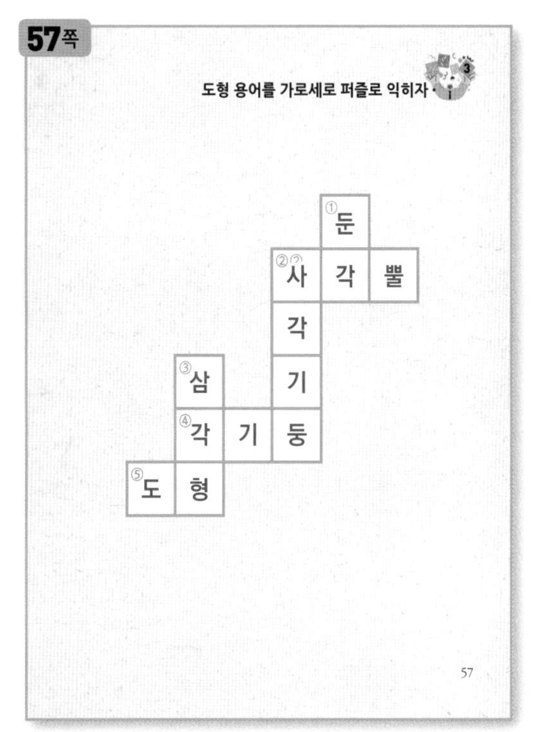
57쪽
도형 용어를 가로세로 퍼즐로 익히자
①둔
②사 각 뿔
각
③삼 기
④각 기 둥
⑤도 형
57

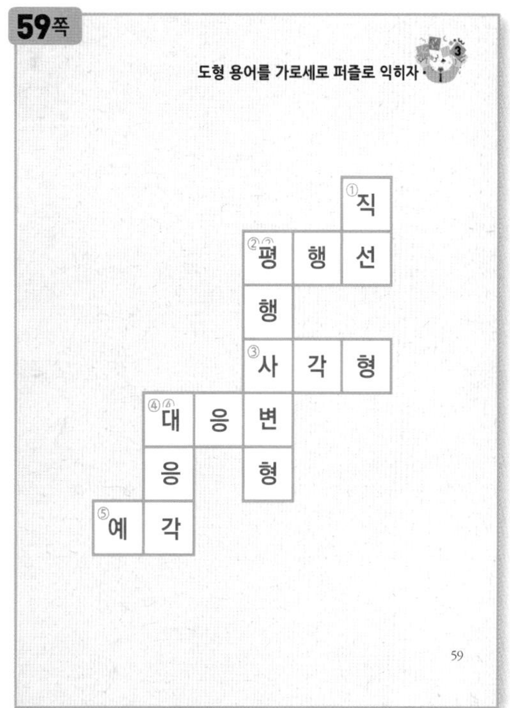
59쪽
도형 용어를 가로세로 퍼즐로 익히자
①직
②평 행 선
행
③사 각 형
④대 응 변
응 형
⑤예 각
59

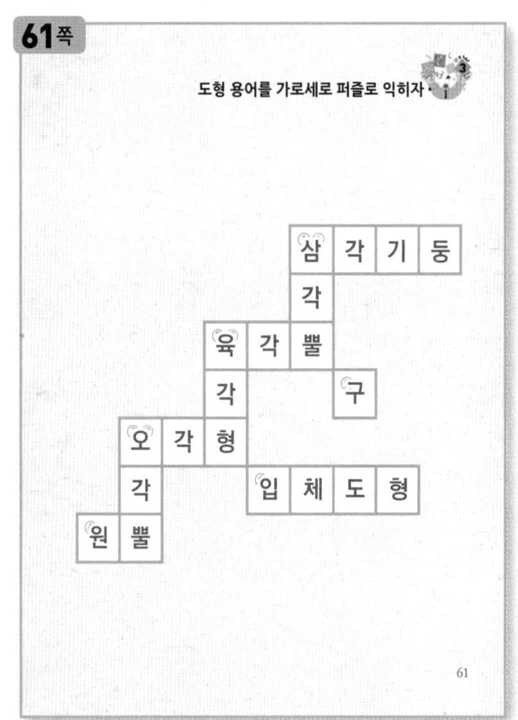
61쪽
도형 용어를 가로세로 퍼즐로 익히자
삼 각 기 둥
각
육 각 뿔
각 구
오 각 형
각 입 체 도 형
원 뿔
61

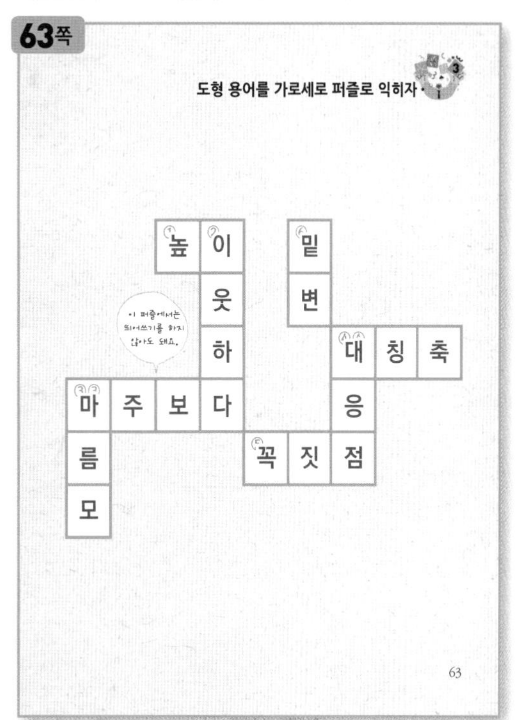
63쪽
도형 용어를 가로세로 퍼즐로 익히자
높 이 밑
웃 변
하 대 칭 축
마 주 보 다 응
름 꼭 짓 점
모
이 퍼즐에서는 띄어쓰기를 하지 않아도 돼요.
63

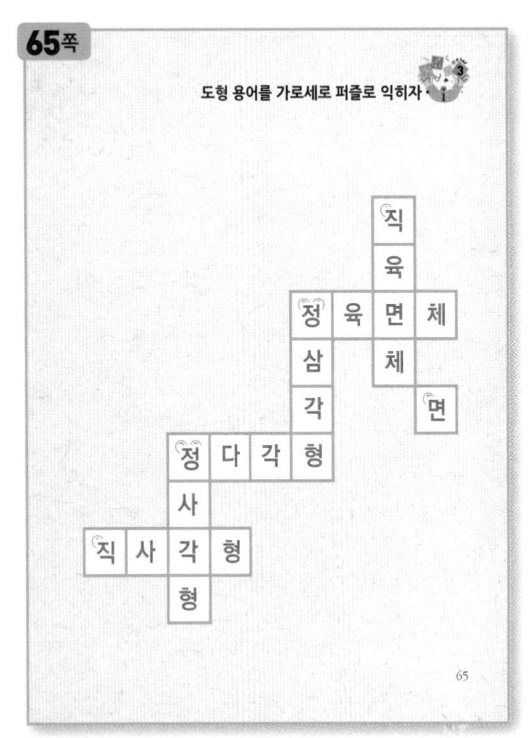
65쪽
도형 용어를 가로세로 퍼즐로 익히자
직
육
정 육 면 체
삼 체
각 면
정 다 각 형
사
직 사 각 형
형
65

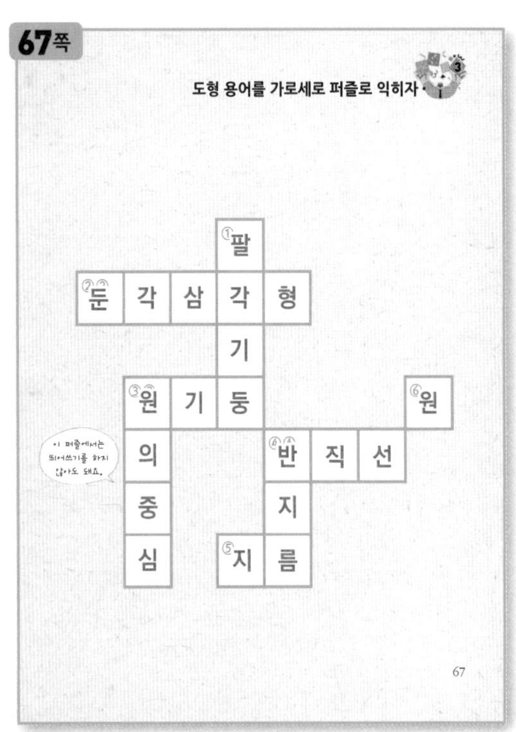
67쪽
도형 용어를 가로세로 퍼즐로 익히자
팔
둔 각 삼 각 형
기
원 기 둥 원
의 반 직 선
중 지
심 지 름
67

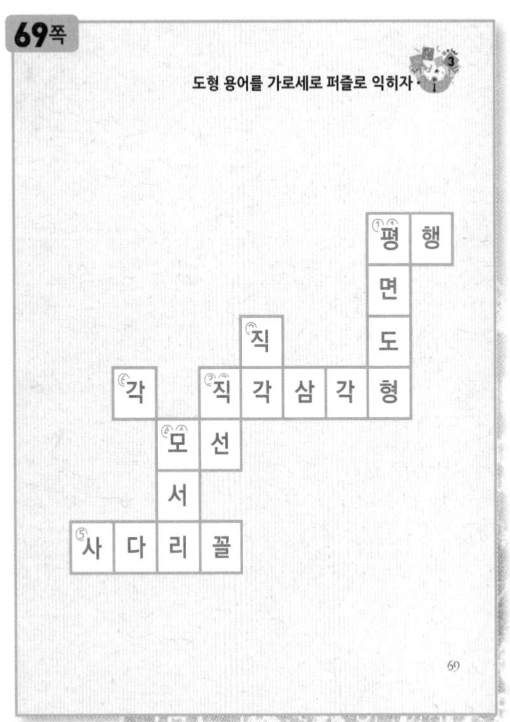
69쪽
도형 용어를 가로세로 퍼즐로 익히자
평 행
면
직 도
각 직 각 삼 각 형
모 선
서
사 다 리 꼴
69

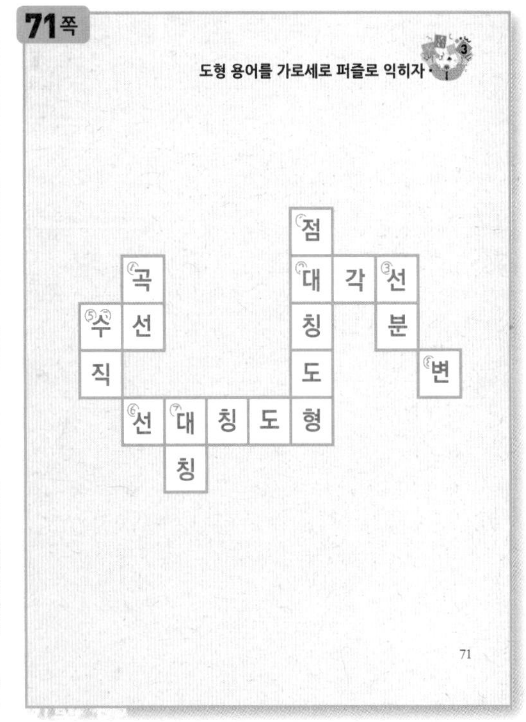
71쪽
도형 용어를 가로세로 퍼즐로 익히자
점
곡 대 각 선
수 선 칭 분
직 도 변
선 대 칭 도 형
칭
71

73쪽

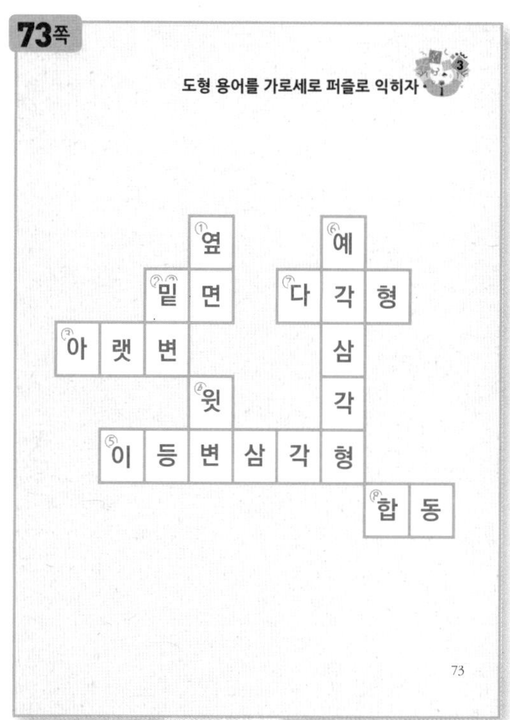

75쪽

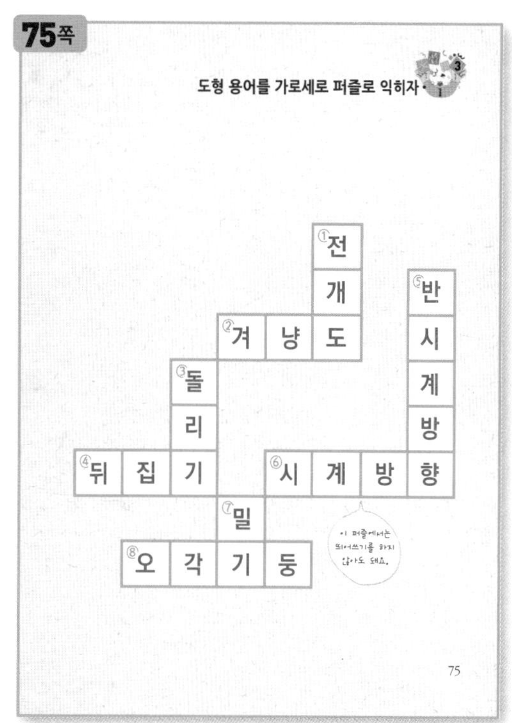

78쪽

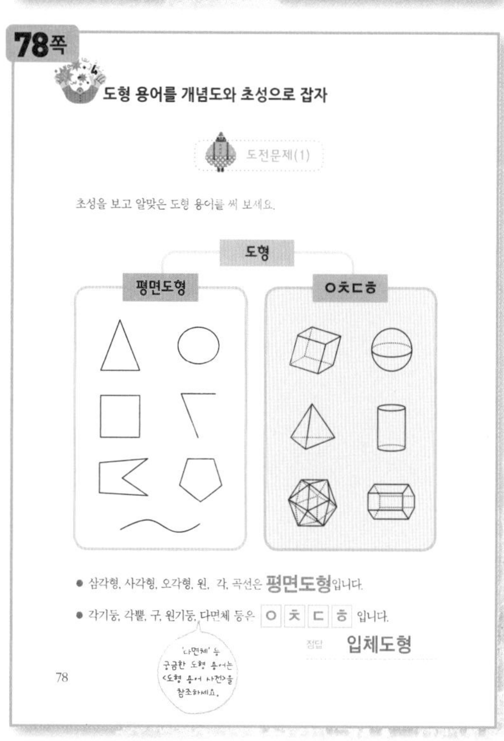

79쪽

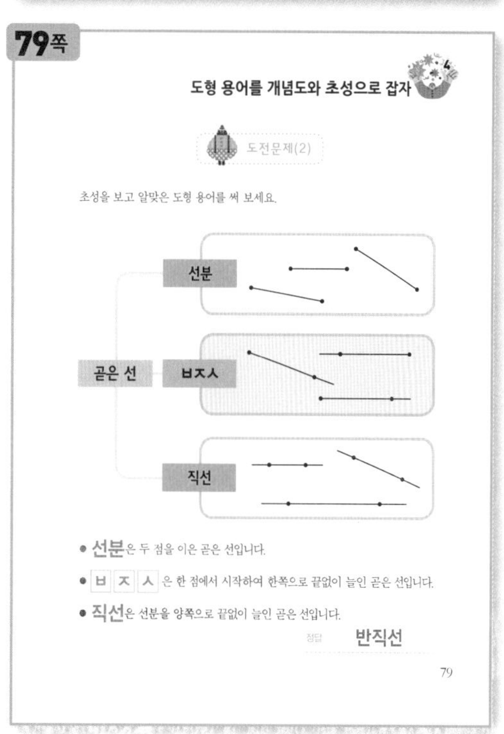

80쪽

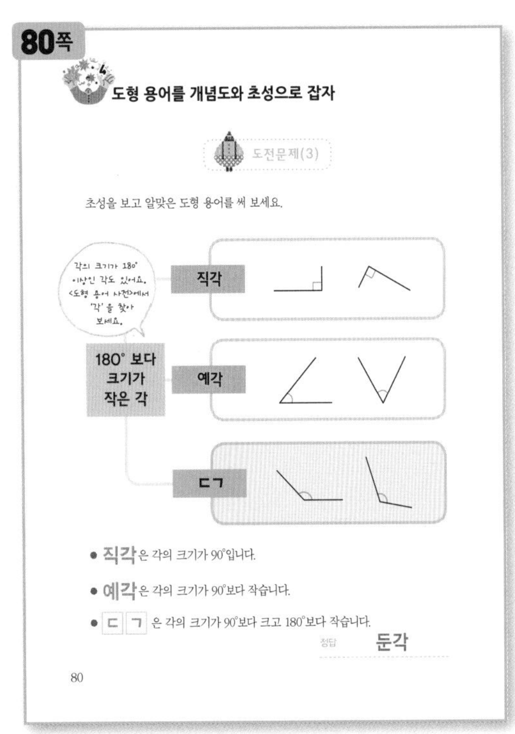

81쪽

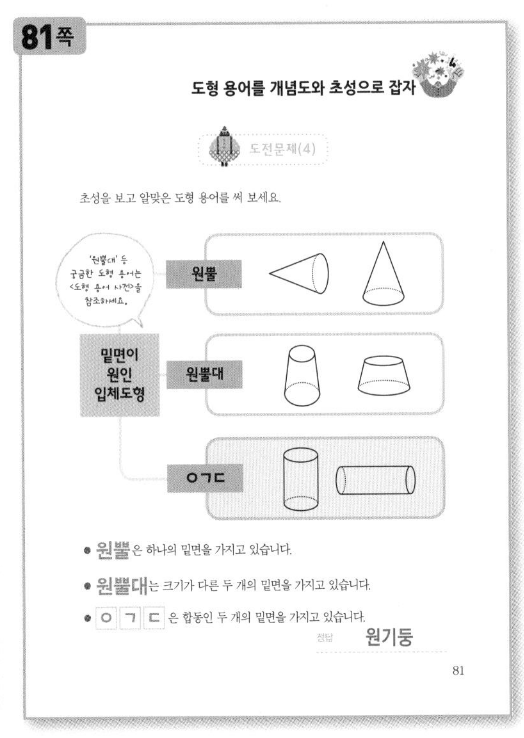

82쪽

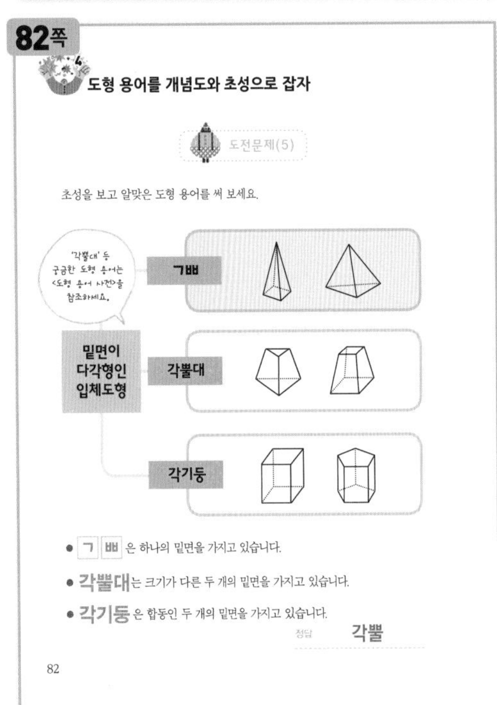

83쪽

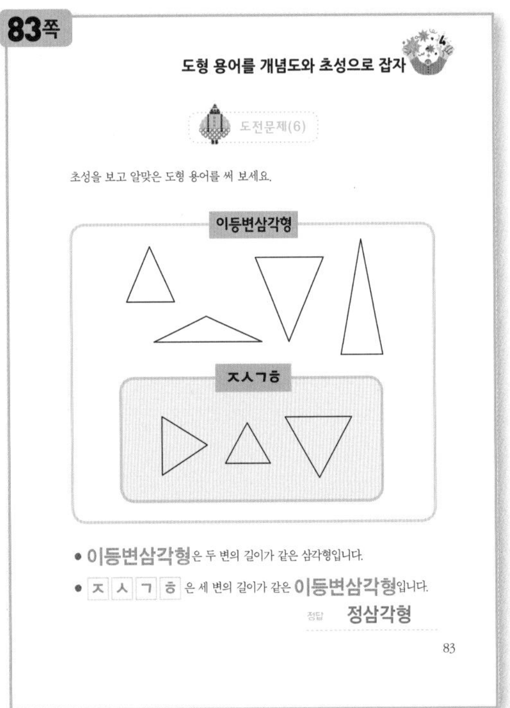

84쪽

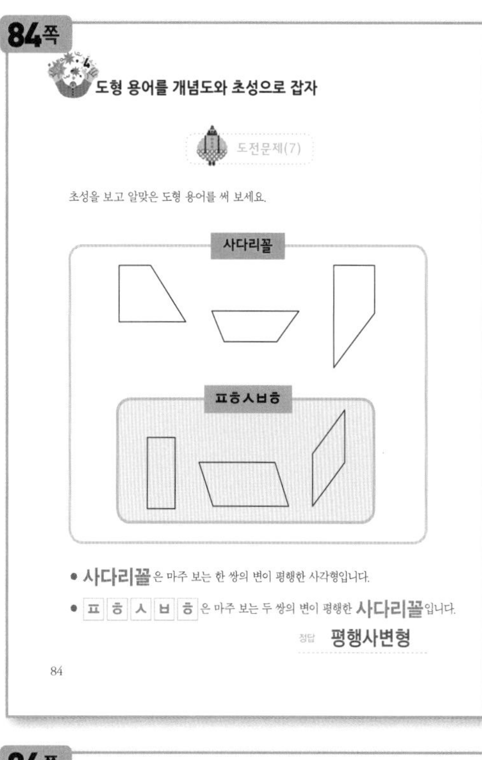

85쪽

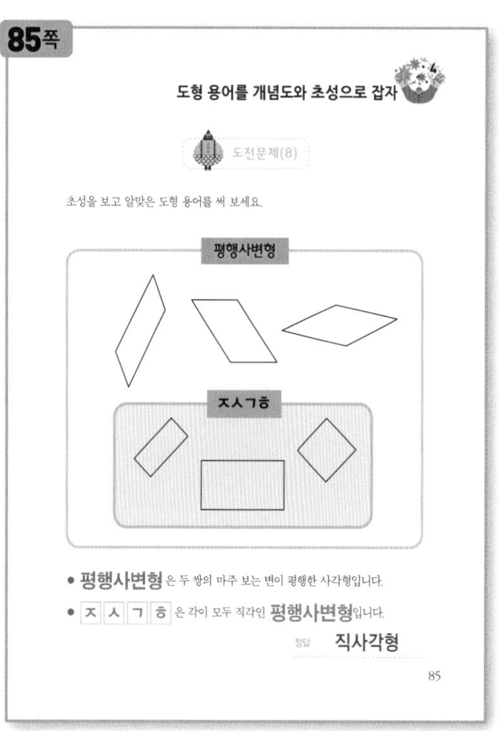

86쪽

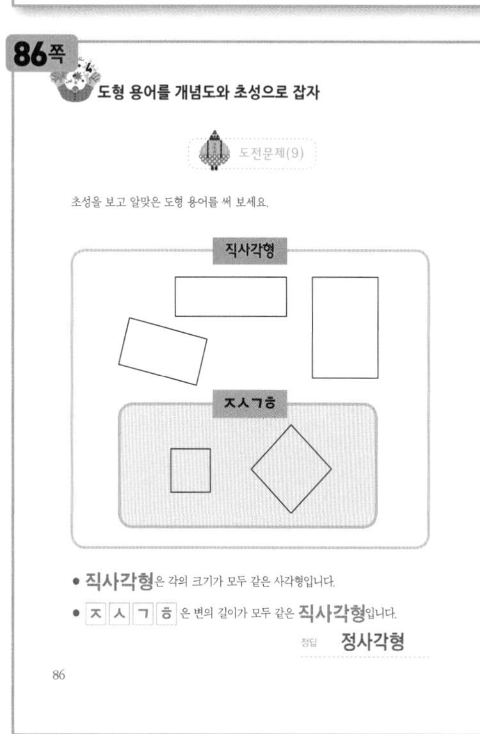

87쪽

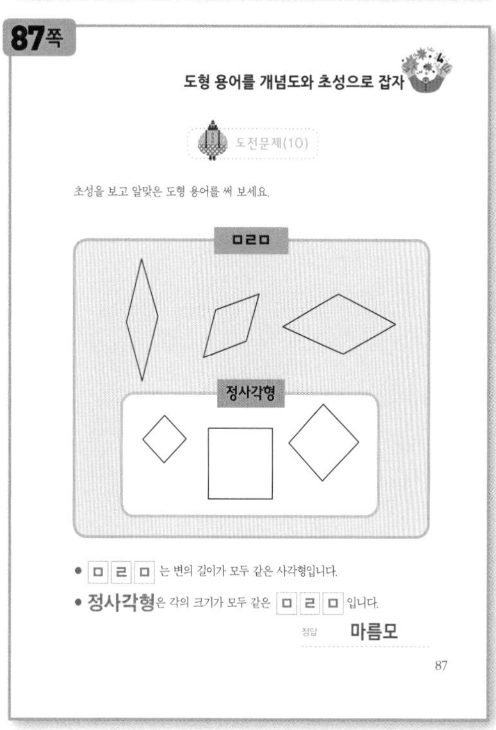

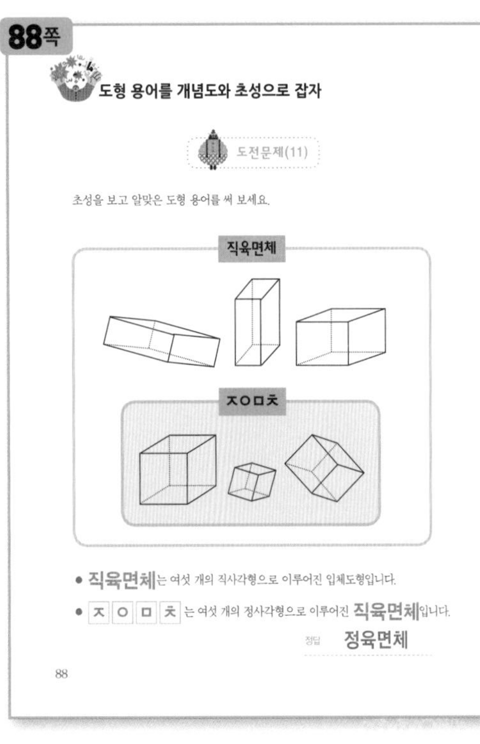

88쪽

도형 용어를 개념도와 초성으로 잡자

도전문제(11)

초성을 보고 알맞은 도형 용어를 써 보세요.

- 직육면체는 여섯 개의 직사각형으로 이루어진 입체도형입니다.
- ㅈ ㅇ ㅁ ㅊ 는 여섯 개의 정사각형으로 이루어진 직육면체입니다.

정답 정육면체

88

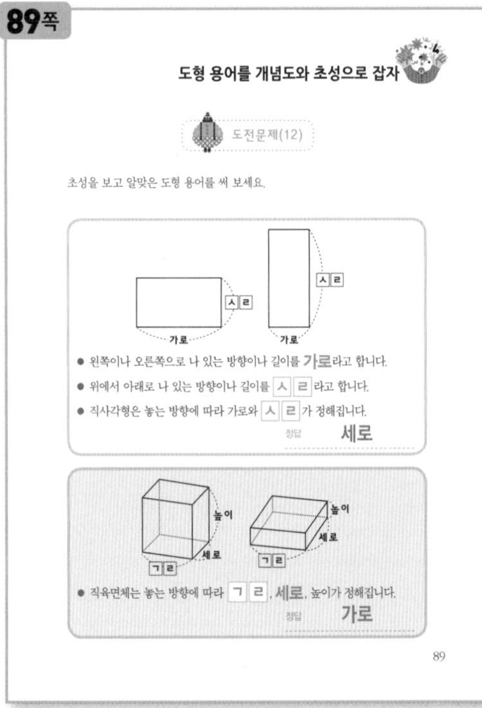

89쪽

도형 용어를 개념도와 초성으로 잡자

도전문제(12)

초성을 보고 알맞은 도형 용어를 써 보세요.

- 왼쪽이나 오른쪽으로 나 있는 방향이나 길이를 가로라고 합니다.
- 위에서 아래로 나 있는 방향이나 길이를 ㅅ ㄹ 라고 합니다.
- 직사각형은 놓는 방향에 따라 가로와 ㅅ ㄹ 가 정해집니다.

정답 세로

- 직육면체는 놓는 방향에 따라 ㄱ ㄹ, 세로, 높이가 정해집니다.

정답 가로

89

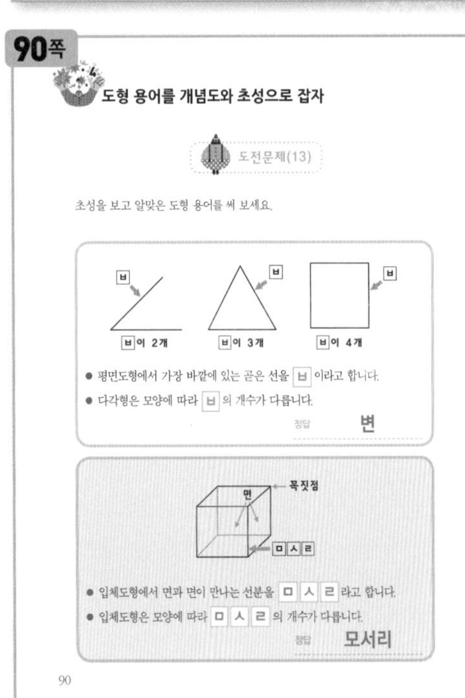

90쪽

도형 용어를 개념도와 초성으로 잡자

도전문제(13)

초성을 보고 알맞은 도형 용어를 써 보세요.

- 평면도형에서 가장 바깥에 있는 곧은 선을 ㅂ 이라고 합니다.
- 다각형은 모양에 따라 ㅂ 의 개수가 다릅니다.

정답 변

- 입체도형에서 면과 면이 만나는 선분을 ㅁ ㅅ ㄹ 라고 합니다.
- 입체도형은 모양에 따라 ㅁ ㅅ ㄹ 의 개수가 다릅니다.

정답 모서리

90

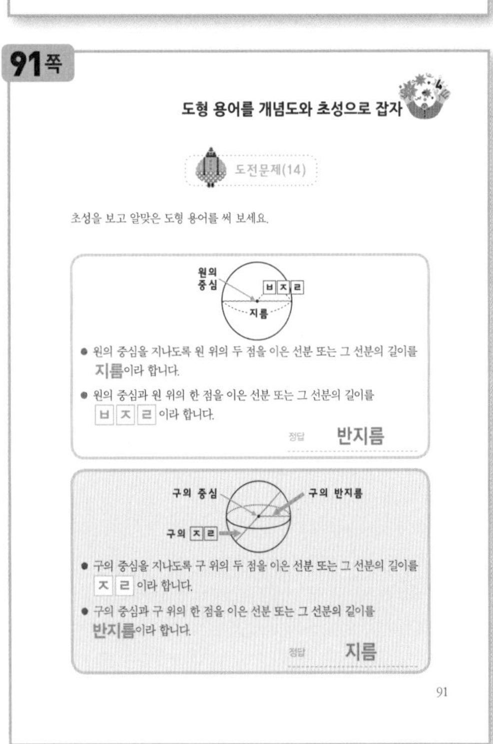

91쪽

도형 용어를 개념도와 초성으로 잡자

도전문제(14)

초성을 보고 알맞은 도형 용어를 써 보세요.

- 원의 중심을 지나도록 원 위의 두 점을 이은 선분 또는 그 선분의 길이를 지름이라 합니다.
- 원의 중심과 원 위의 한 점을 이은 선분 또는 그 선분의 길이를 ㅂ ㅈ ㄹ 이라 합니다.

정답 반지름

- 구의 중심을 지나도록 구 위의 두 점을 이은 선분 또는 그 선분의 길이를 ㅈ ㄹ 이라 합니다.
- 구의 중심과 구 위의 한 점을 이은 선분 또는 그 선분의 길이를 반지름이라 합니다.

정답 지름

91

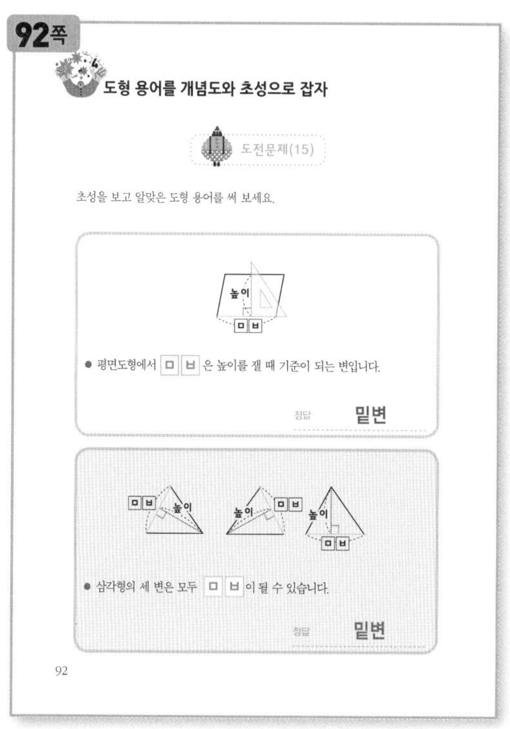

92쪽

도형 용어를 개념도와 초성으로 잡자

도전문제(15)

초성을 보고 알맞은 도형 용어를 써 보세요.

● 평면도형에서 ㅁ ㅂ 은 높이를 잴 때 기준이 되는 변입니다.

정답 밑변

● 삼각형의 세 변은 모두 ㅁ ㅂ 이 될 수 있습니다.

정답 밑변

92

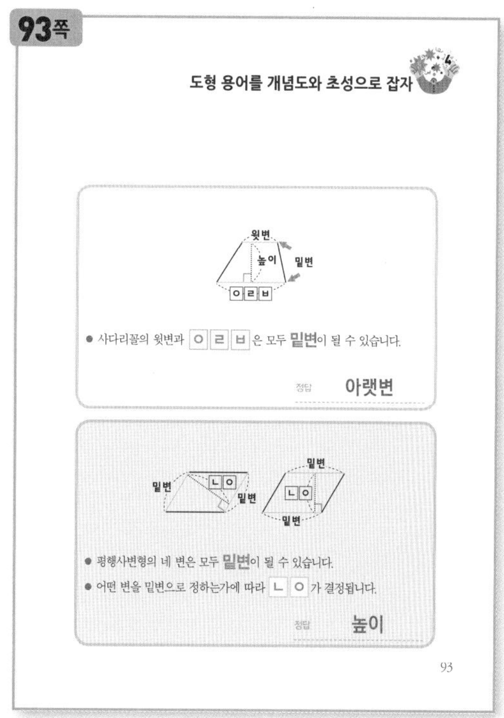

93쪽

도형 용어를 개념도와 초성으로 잡자

● 사다리꼴의 윗변과 ㅇ ㄹ ㅂ 은 모두 밑변이 될 수 있습니다.

정답 아랫변

● 평행사변형의 네 변은 모두 밑변이 될 수 있습니다.

● 어떤 변을 밑변으로 정하는가에 따라 ㄴ ㅇ 가 결정됩니다.

정답 높이

93

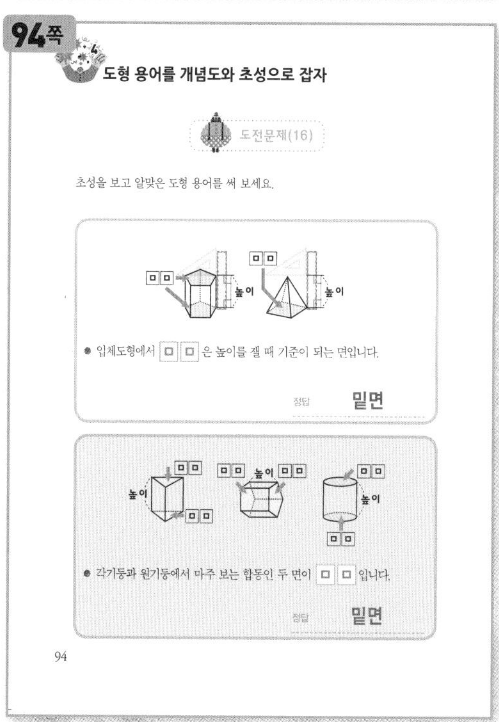

94쪽

도형 용어를 개념도와 초성으로 잡자

도전문제(16)

초성을 보고 알맞은 도형 용어를 써 보세요.

● 입체도형에서 ㅁ ㅁ 은 높이를 잴 때 기준이 되는 면입니다.

정답 밑면

● 각기둥과 원기둥에서 마주 보는 합동인 두 면이 ㅁ ㅁ 입니다.

정답 밑면

94

95쪽

도형 용어를 개념도와 초성으로 잡자

● 사각뿔의 밑면은 사각형이고, 오각뿔의 밑면은 ㅇ ㄱ ㅎ 입니다.

정답 오각형

● 원뿔의 밑면은 ㅇ 입니다.

정답 원

95

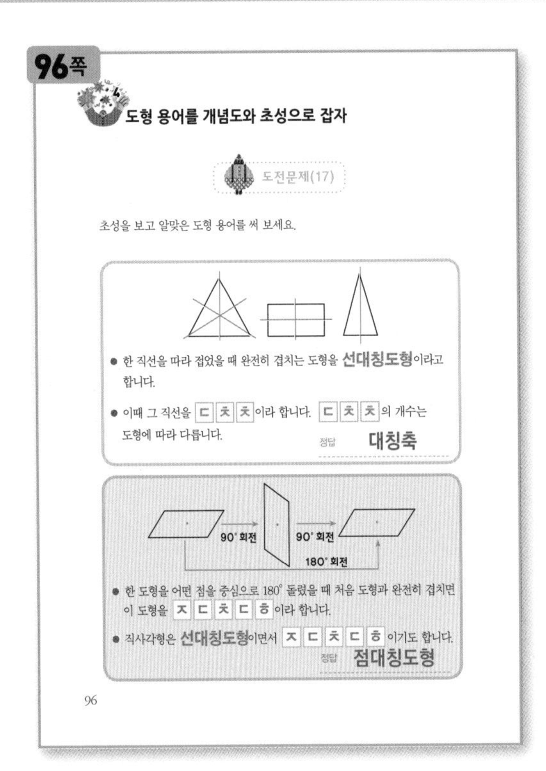
96쪽

도형 용어를 개념도와 초성으로 잡자

도전문제(17)

초성을 보고 알맞은 도형 용어를 써 보세요.

- 한 직선을 따라 접었을 때 완전히 겹치는 도형을 **선대칭도형**이라고 합니다.
- 이때 그 직선을 ㄷ ㅊ ㅊ 이라 합니다. ㄷ ㅊ ㅊ 의 개수는 도형에 따라 다릅니다.

정답 **대칭축**

90° 회전 90° 회전 180° 회전

- 한 도형을 어떤 점을 중심으로 180° 돌렸을 때 처음 도형과 완전히 겹치면 이 도형을 ㅈ ㄷ ㅊ ㄷ ㅎ 이라 합니다.
- 직사각형은 **선대칭도형**이면서 ㅈ ㄷ ㅊ ㄷ ㅎ 이기도 합니다.

정답 **점대칭도형**

96

초등학교 수학 교과서에 나오는 **도형 용어**를

이 책 한 권으로 잡아요!

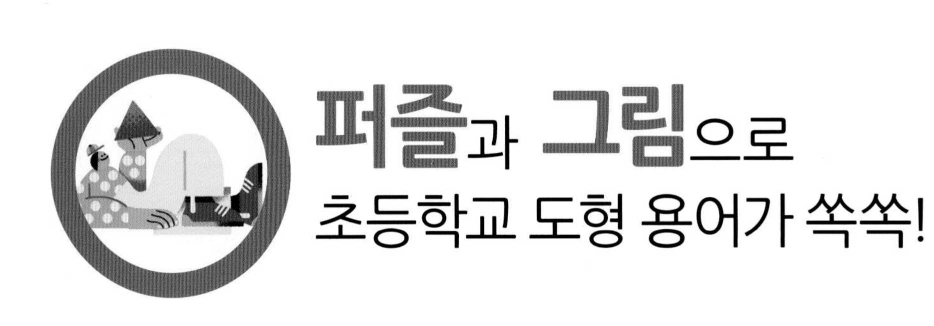
퍼즐과 그림으로
초등학교 도형 용어가 쏙쏙!

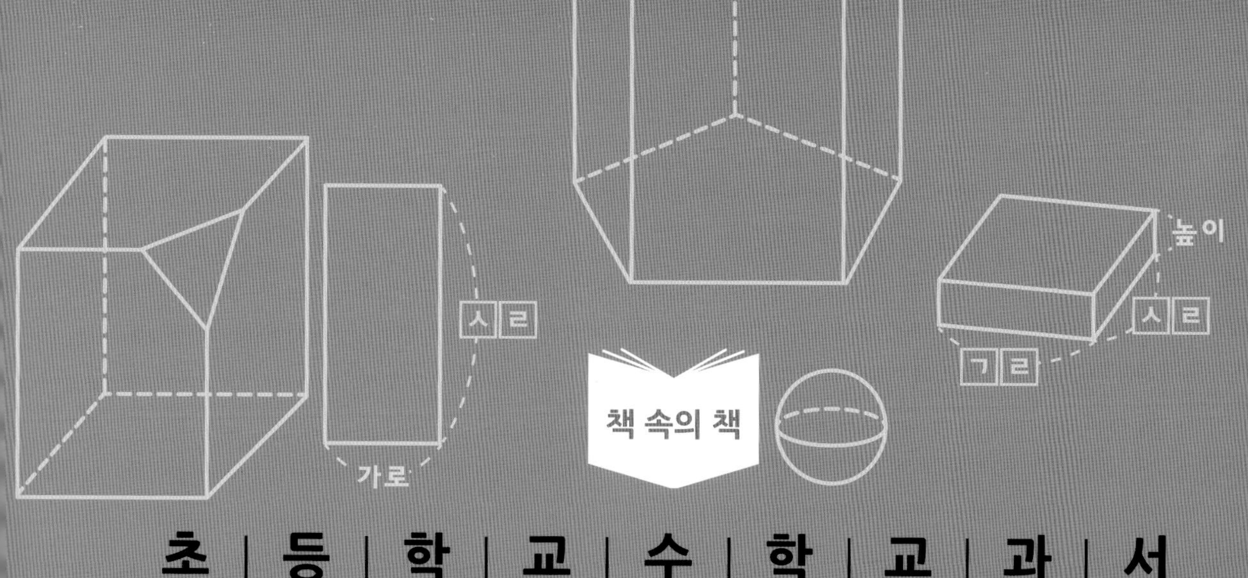

책 속의 책

초 | 등 | 학 | 교 | 수 | 학 | 교 | 과 | 서

도형 용어 사전

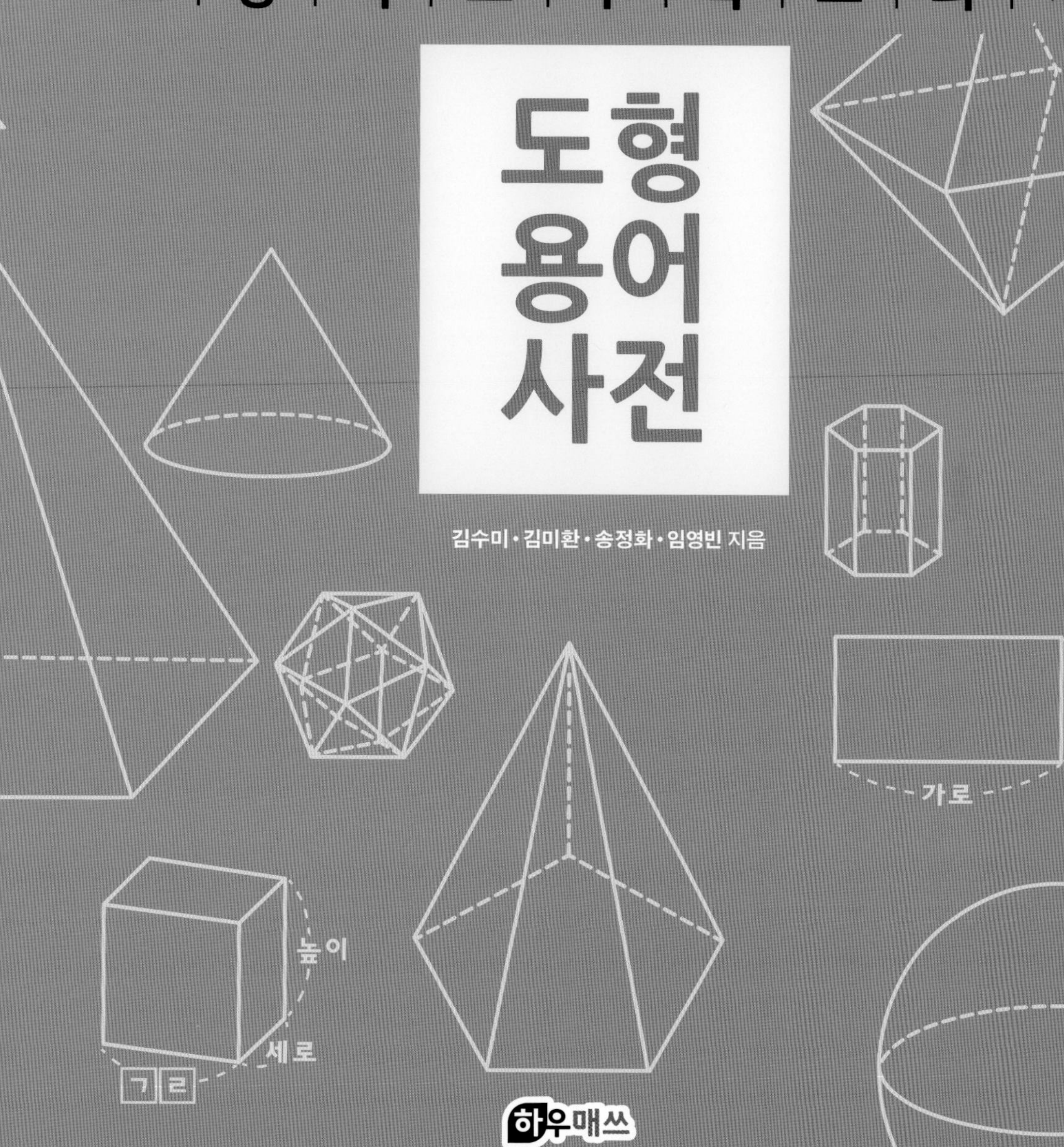

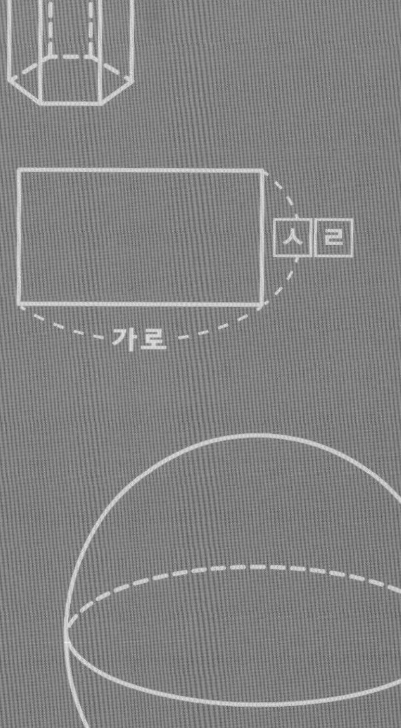

김수미 · 김미환 · 송정화 · 임영빈 지음

하우매쓰

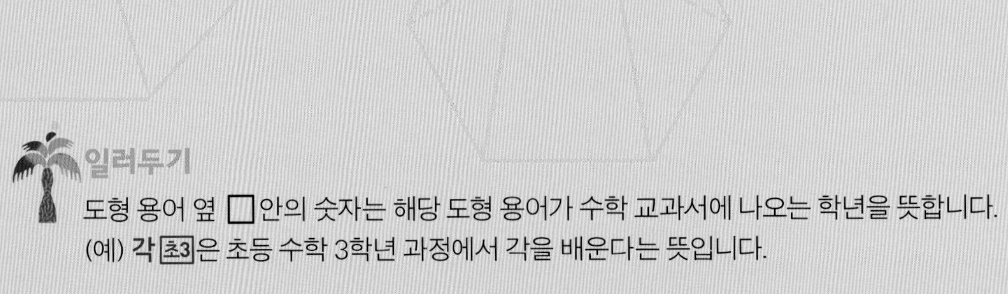

일러두기

도형 용어 옆 □안의 숫자는 해당 도형 용어가 수학 교과서에 나오는 학년을 뜻합니다.
(예) **각** 초3은 초등 수학 3학년 과정에서 각을 배운다는 뜻입니다.

ㄱ

가로

왼쪽이나 오른쪽으로 나 있는 방향이나 길이

각 초3

한 점에서 그은 두 개의 반직선으로 이루어진 평면도형

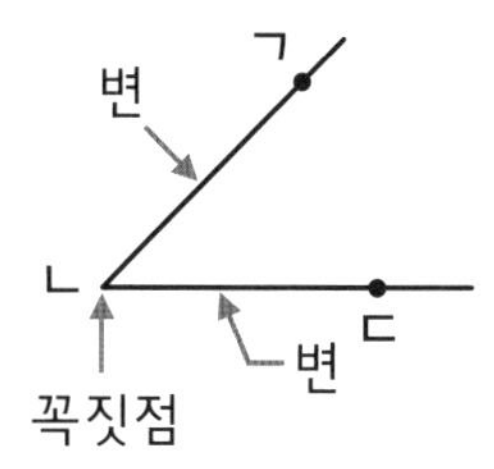

이와 같은 도형을 각ㄱㄴㄷ 또는 각ㄷㄴㄱ 이라 한다.

각은 도형에 속하고, 각도는 각의 크기를 뜻합니다.
각은 각의 크기에 따라 예각, 직각, 둔각, 평각, 우각, 온각 등으로 분류됩니다.

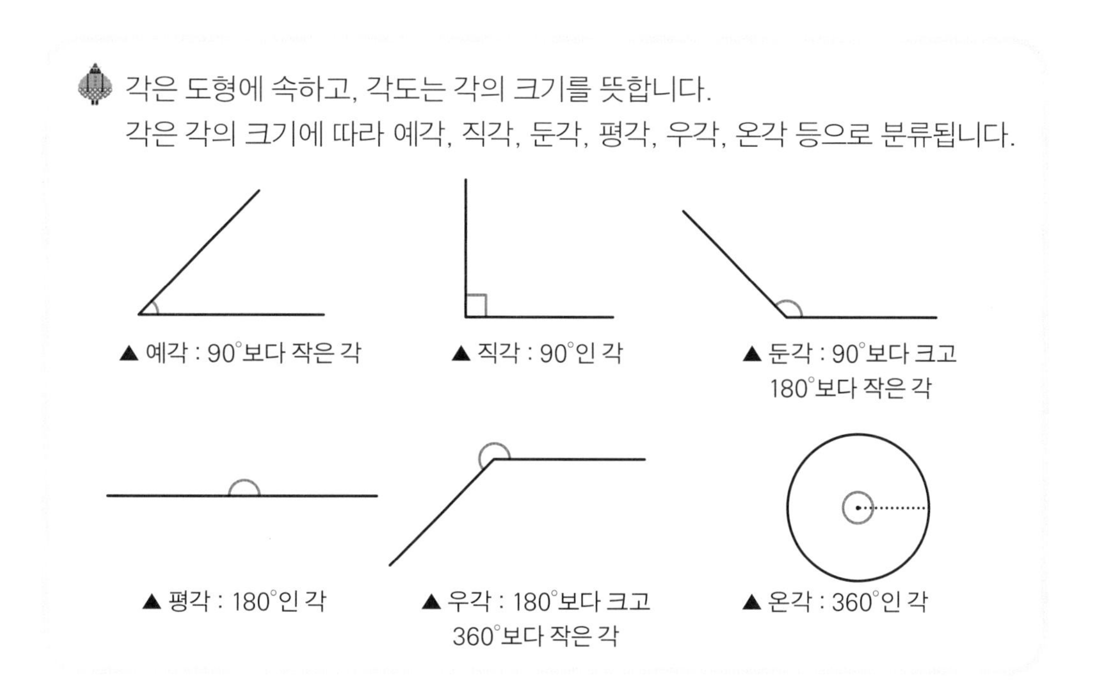

▲ 예각 : 90°보다 작은 각

▲ 직각 : 90°인 각

▲ 둔각 : 90°보다 크고 180°보다 작은 각

▲ 평각 : 180°인 각

▲ 우각 : 180°보다 크고 360°보다 작은 각

▲ 온각 : 360°인 각

각기둥 초6

그림과 같은 모양의 입체도형

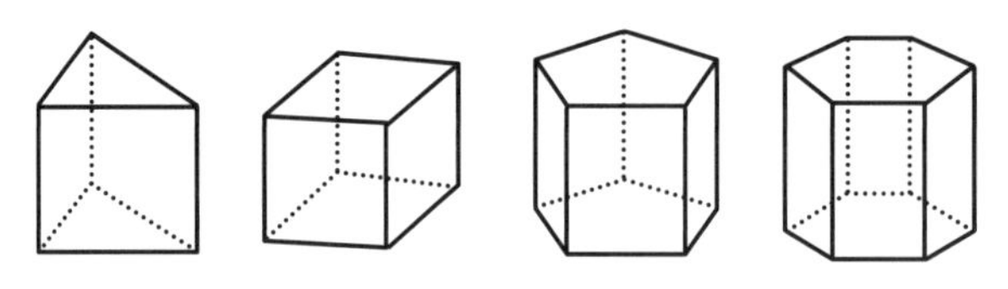

 밑면의 모양에 따라 삼각기둥, 사각기둥, 오각기둥, 육각기둥이라고 합니다.

각뿔 초6

그림과 같은 모양의 입체도형

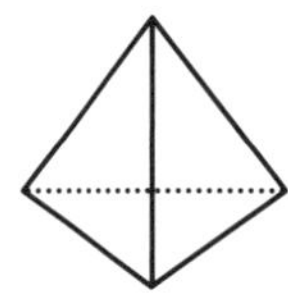 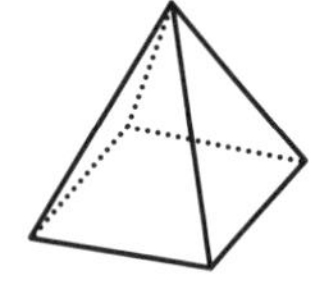 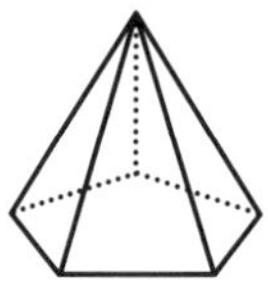 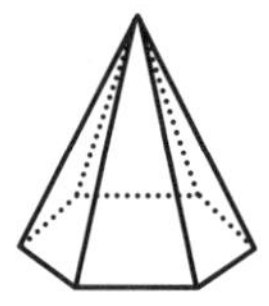

 밑면의 모양에 따라 삼각뿔, 사각뿔, 오각뿔, 육각뿔이라고 합니다.

각뿔대 중학

각뿔을 밑면에 평행한 면으로 자를 때 생기는 두 입체도형 중에서 각뿔이 아닌 것

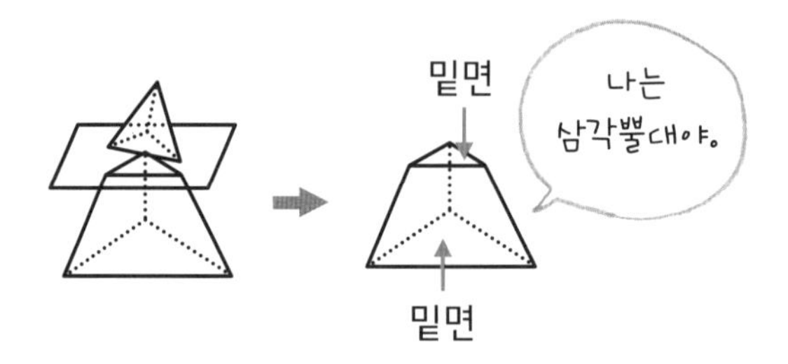

밑면의 모양에 따라 삼각뿔대, 사각뿔대, 오각뿔대, 육각뿔대라 합니다.

각뿔의 꼭짓점 초6

각뿔에 있는 꼭짓점 중에서도 모든 옆면이 만나는 점

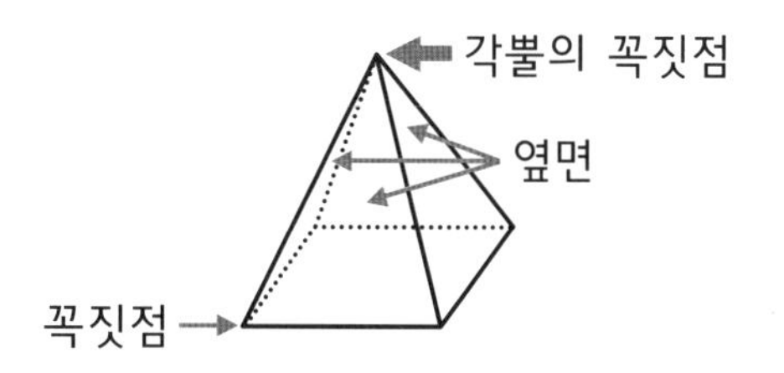

각뿔의 꼭짓점은 밑면을 기준으로 가장 높은 곳에 있습니다.

겨냥도 초5

입체도형의 모양을 잘 알 수 있도록 나타낸 그림

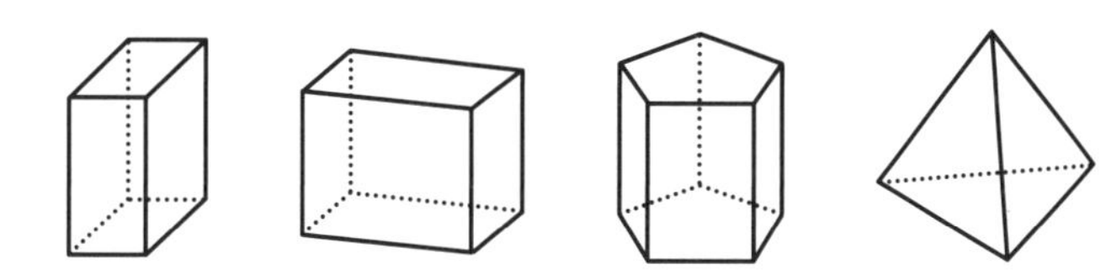

겨냥도에서는 보이는 모서리는 실선으로, 보이지 않는 모서리는 점선으로 그립니다. 같은 도형이라도 놓인 위치나 보는 방향에 따라 겨냥도를 다르게 그릴 수 있습니다.

곡선 초3

모나지 않고 부드럽게 굽은 선

구 초6

그림과 같은 모양의 입체도형

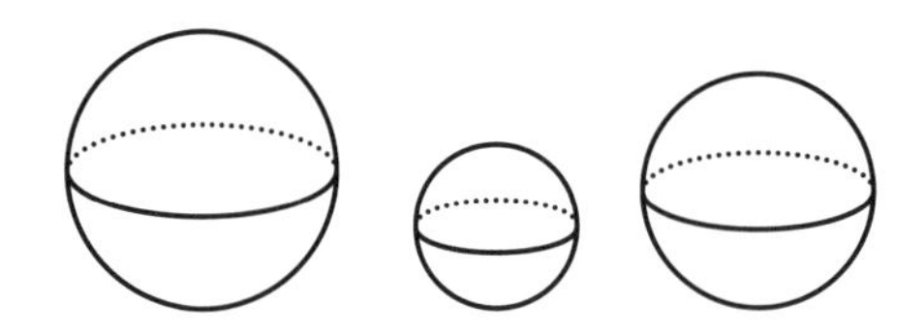

구의 중심 초6

구의 가장 안쪽에 있는 점

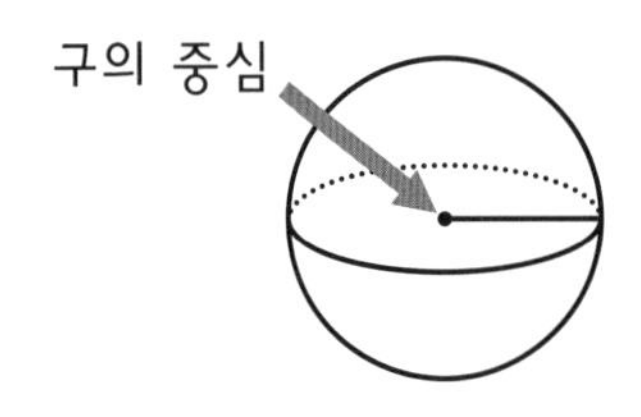

꼭짓점 초2 초3 초5 초6

① 평면도형에서 변과 변이 만나는 점

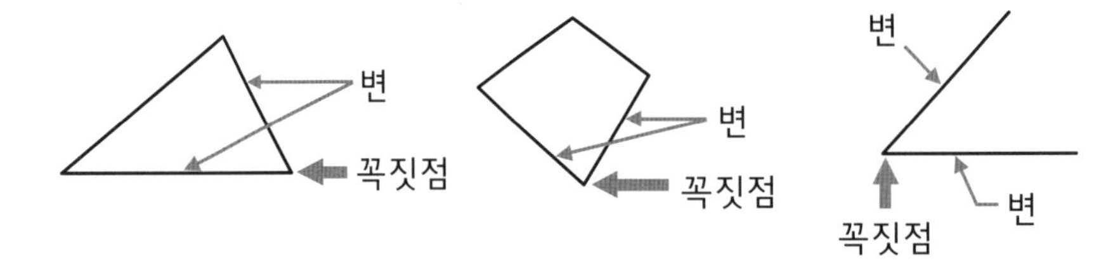

② 입체도형에서 모서리와 모서리가 만나는 점

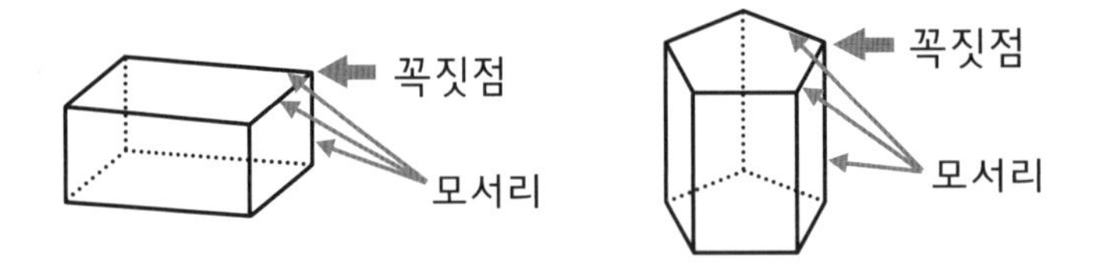

ㄴ

높이 초5 초6

① 평면도형에서 밑변을 기준으로 도형의 높은 정도

- 삼각형에서는 밑변과 마주 보는 꼭짓점에서 밑변에 수직으로 그은 선분의 길이

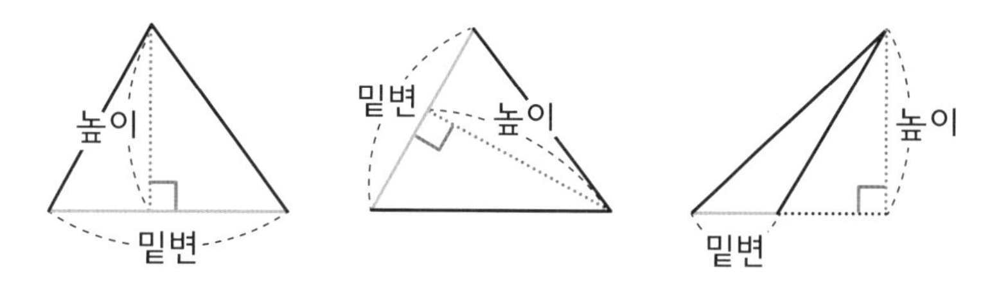

- 사다리꼴에서는 두 밑변(아랫변, 윗변) 사이의 거리

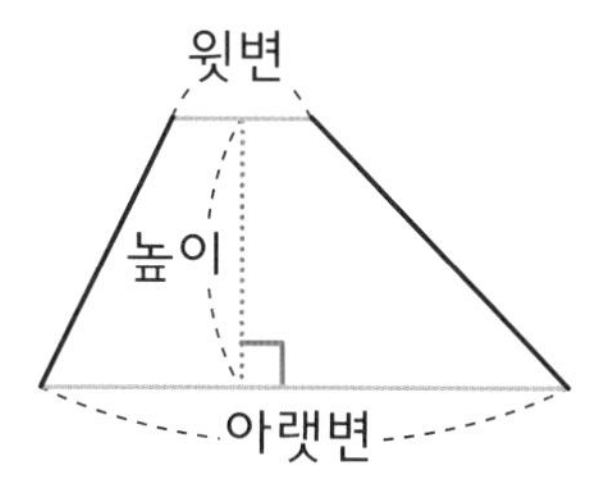

- 평행사변형에서는 두 밑변 사이의 거리

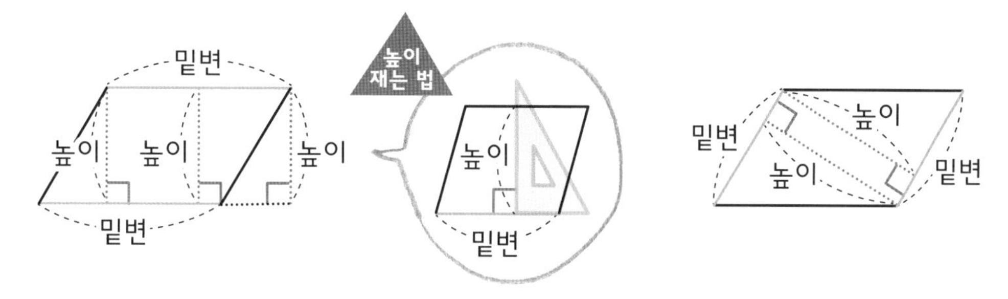

② 입체도형에서 밑면을 기준으로 도형의 높은 정도

- 각기둥과 원기둥에서는 두 밑면 사이의 거리

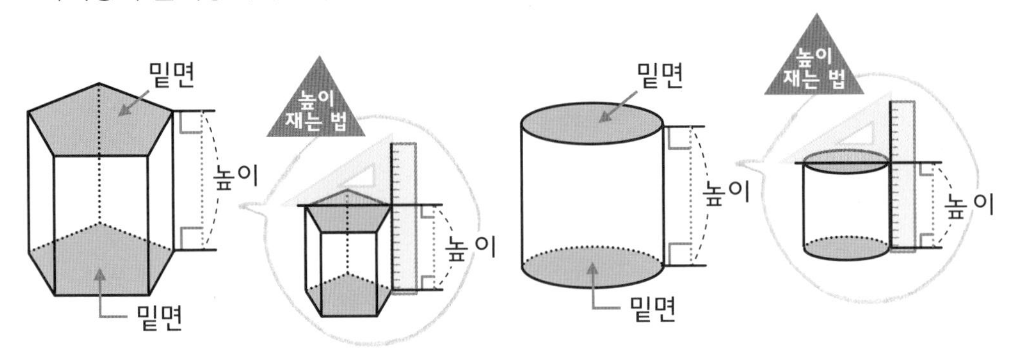

- 각뿔에서는 각뿔의 꼭짓점에서 밑면에 수직인 선분의 길이

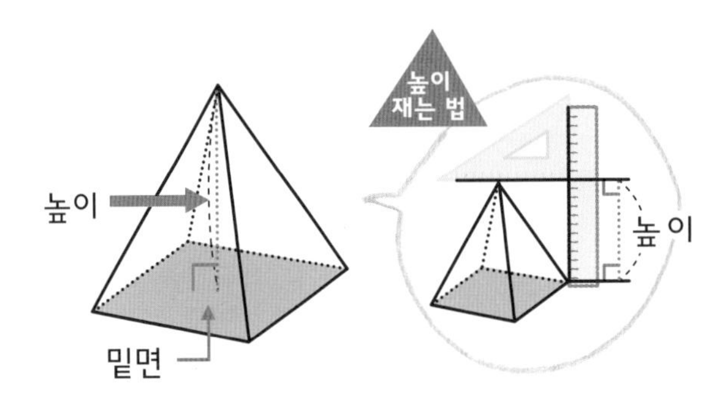

- 원뿔에서는 원뿔의 꼭짓점에서 밑면에 수직인 선분의 길이

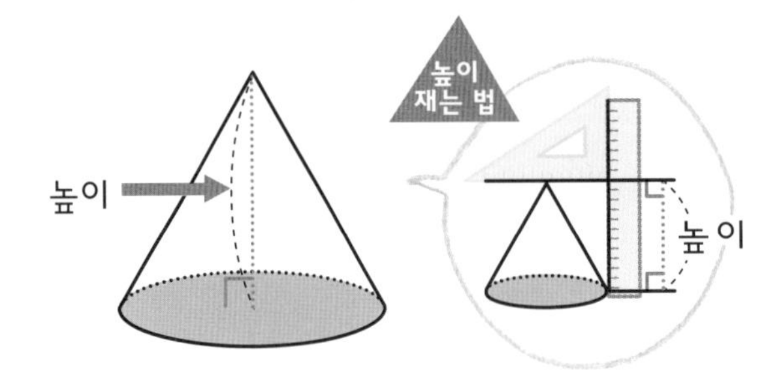

ㄷ

다각형 초4

선분으로만 둘러싸인 평면도형

- 다각형은 변의 개수에 따라 삼각형, 사각형, 오각형 등이 있습니다.
- 다각형은 볼록다각형과 오목다각형으로 나눌 수 있습니다.

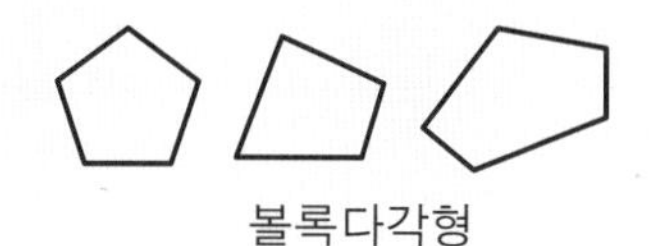

볼록다각형

오목다각형

다면체 중학

다각형으로 둘러싸인 입체도형

- 다면체는 면의 개수에 따라 사면체, 오면체, 육면체 등으로 부릅니다.

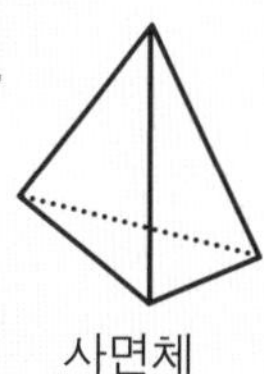

사면체

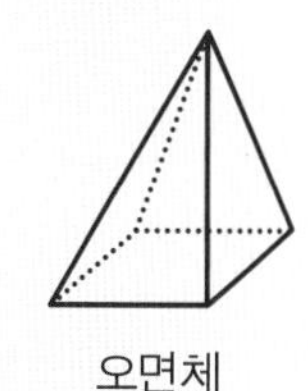

오면체

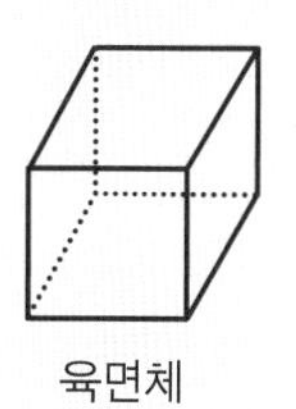

육면체

대각선 초4

다각형에서 서로 이웃하지 않는 두 꼭짓점을 이은 선분

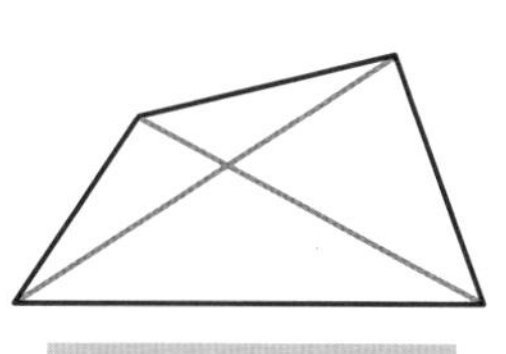

대각선이 2개

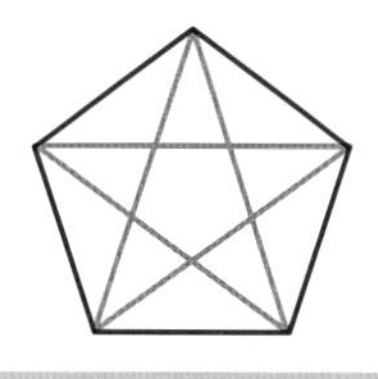

대각선이 5개

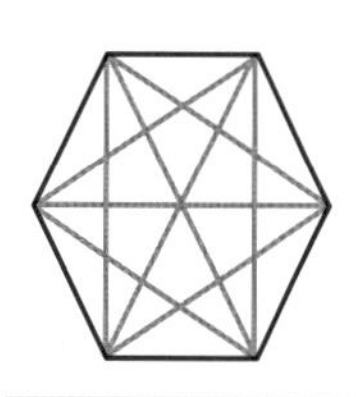

대각선이 9개

대응각 초5

① 서로 합동인 두 도형을 포개었을 때 완전히 겹치는 각

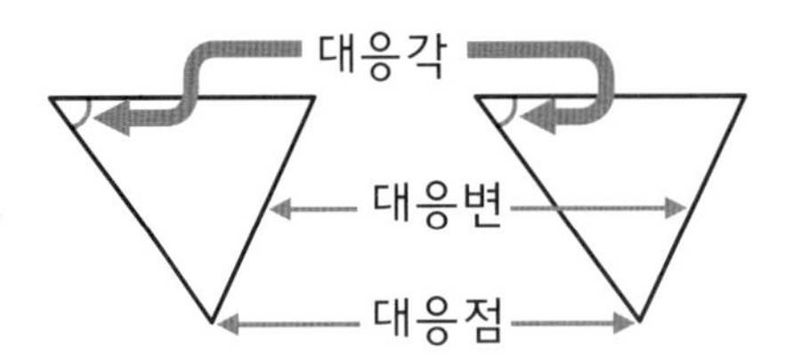

② 선대칭도형에서 대칭축을 따라 접었을 때 겹치는 각

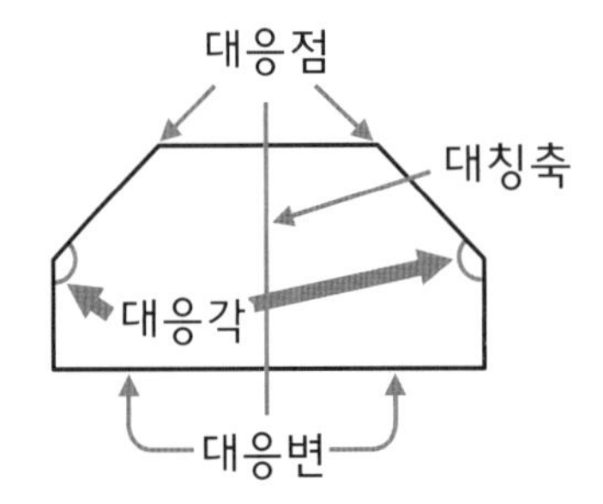

③ 점대칭도형에서 대칭의 중심을 중심으로 180° 돌렸을 때 겹치는 각

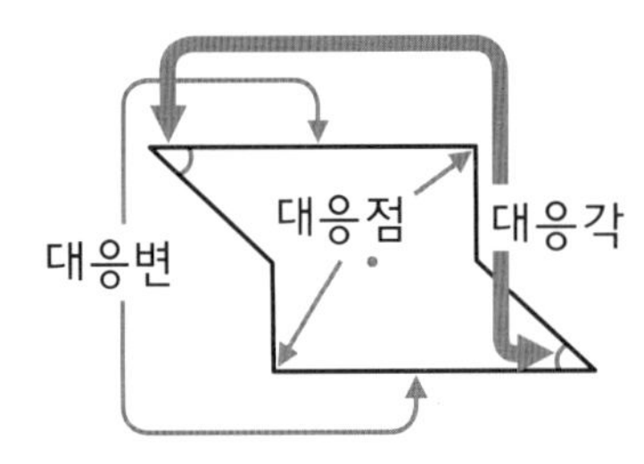

대응변 초5

① 서로 합동인 두 도형을 포개었을 때 완전히 겹쳐지는 변

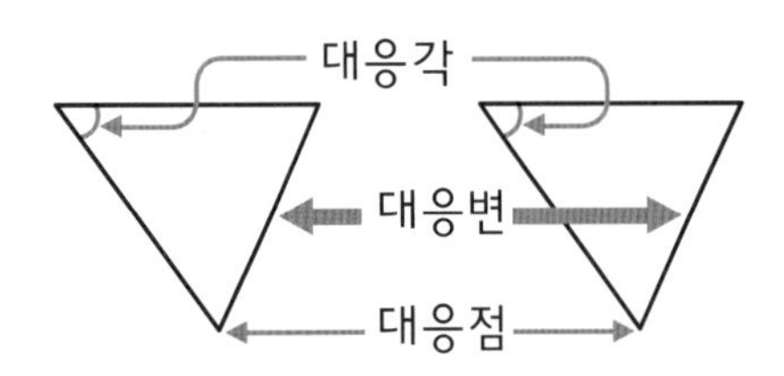

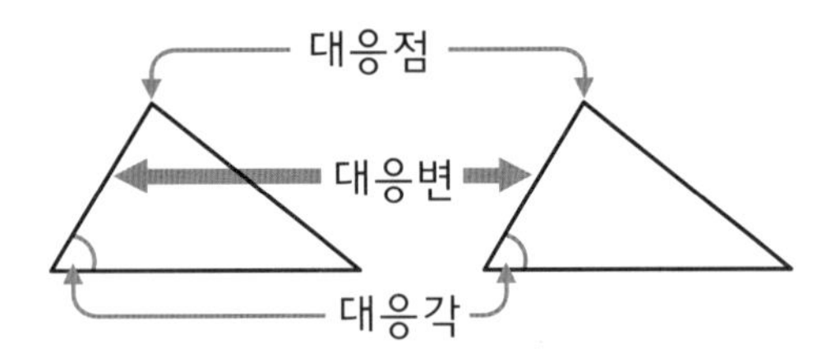

② 선대칭도형에서 대칭축을 따라 접었을 때 겹치는 변

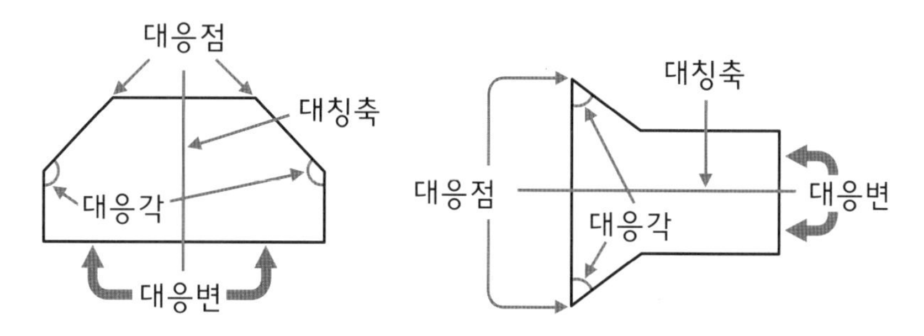

③ 점대칭도형에서 대칭의 중심을 중심으로 180° 돌렸을 때 겹치는 변

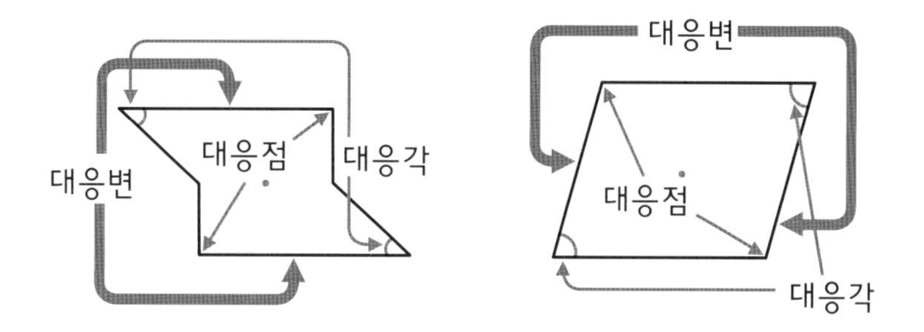

대응점 초5

① 서로 합동인 두 도형을 포개었을 때 완전히 겹치는 점

② 선대칭도형에서 대칭축을 따라 접었을 때 겹치는 점

③ 점대칭도형에서 대칭의 중심을 중심으로 180° 돌렸을 때 겹치는 점

'대응각'(8쪽), '대응변'(8~9쪽) 해설과 그림을 참고하세요.

대칭 초5

어떤 도형이 점, 직선, 면 등을 기준으로 양쪽에 있는 부분이 완전히 포개어지는 성질

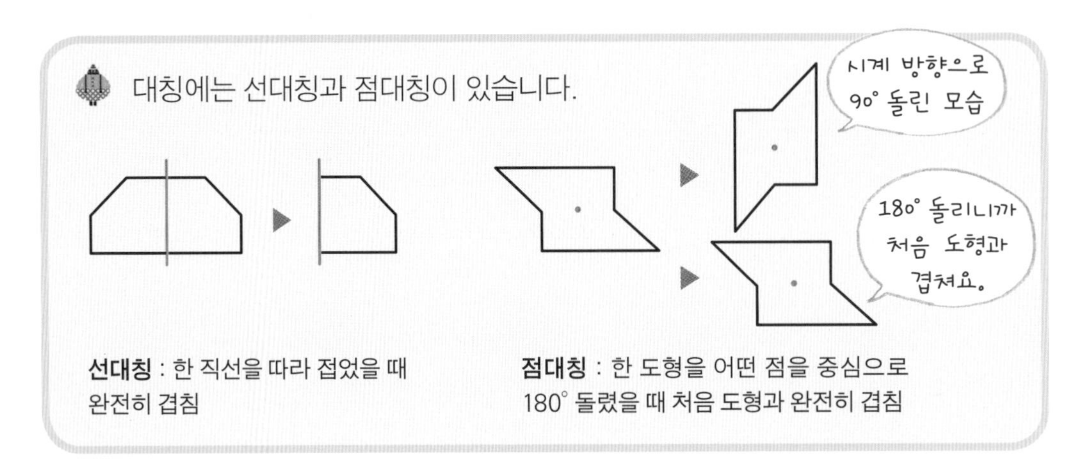

대칭축 초5

선대칭도형을 접었을 때 완전히 겹쳐지게 하는 직선

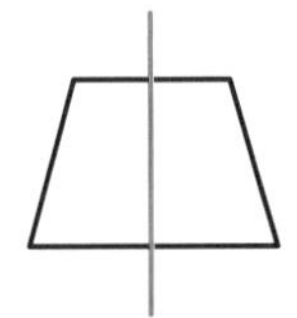

도형 전학년

사각형, 원, 구 등과 같은 사물의 모양이나 형태

돌리기 초4

그림과 같이 도형을 한 평면 위에서 일정한 양만큼 돌리는 이동

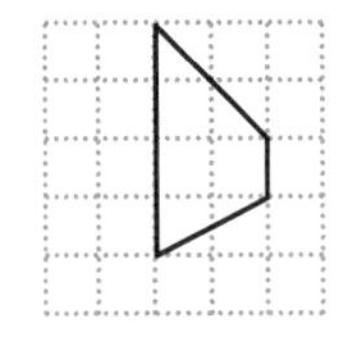

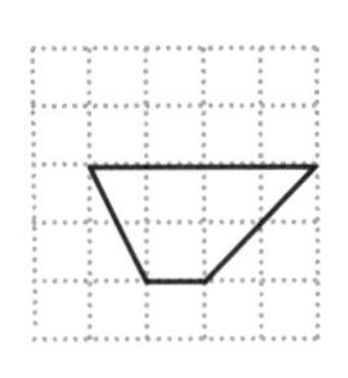

 돌리기는 회전 이동이라고도 합니다.

둔각 초4

각의 크기가 90°보다 크고 180°보다 작은 각

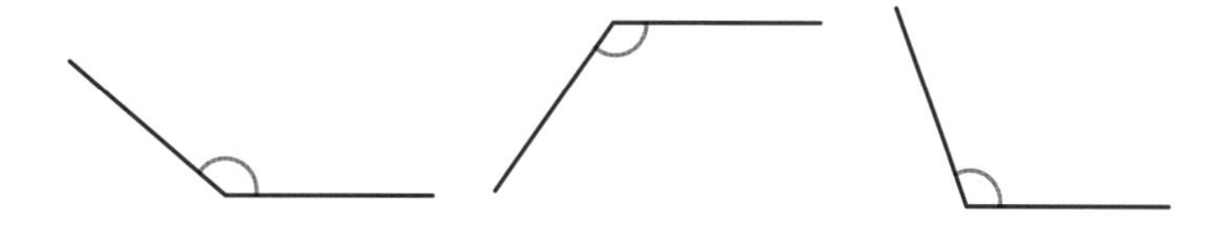

둔각삼각형 초4

한 각이 둔각인 삼각형

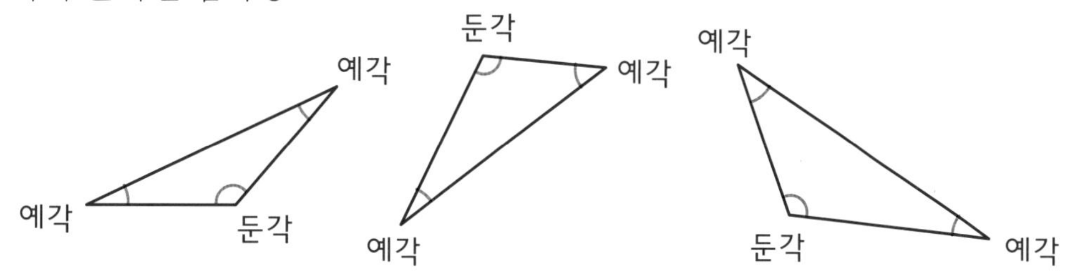

뒤집기 초4

도형을 한 직선을 기준으로 뒤집어 움직이는 것

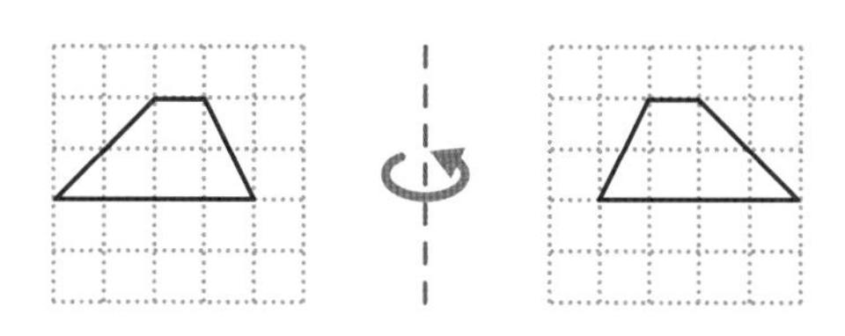

 뒤집기는 반사 이동이라고도 합니다.

ㅁ

마름모 초4

네 변의 길이가 모두 같은 사각형

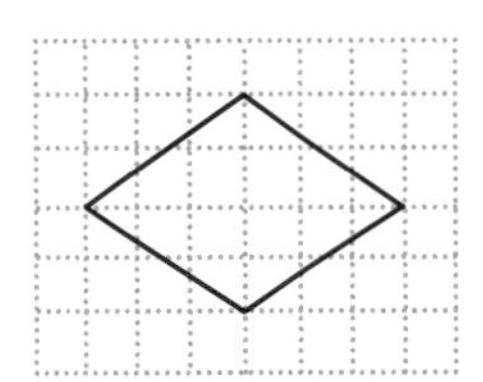
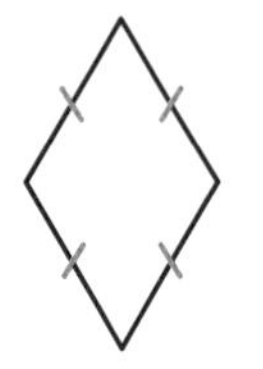
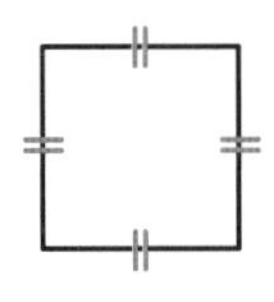

마주 보다 초4

평면도형의 변이나 꼭짓점 또는 입체도형의 모서리나 면 등이 서로를 향하여 보다.

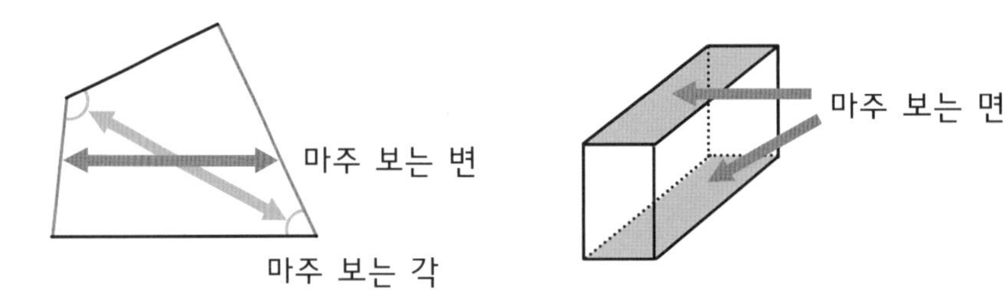

면 초5

입체도형에서 모서리로 둘러싸인 부분

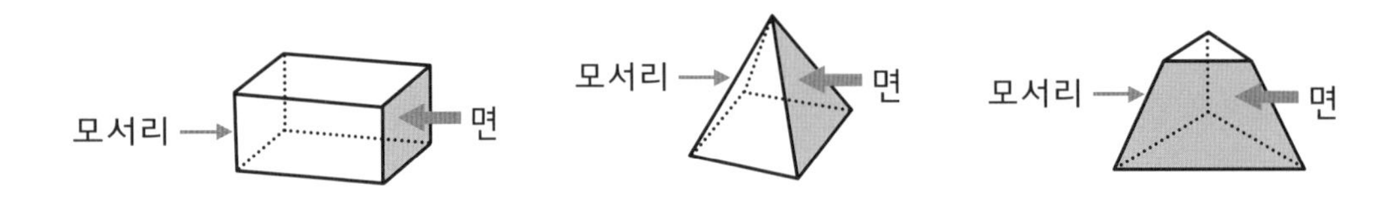

직육면체, 각뿔, 각뿔대와 같은 도형의 면은 평평해서 평면이라고 합니다.
이와 달리 원기둥이나 원뿔 같은 도형에는 굽은 면이 있어요.
이를 곡면이라 합니다.

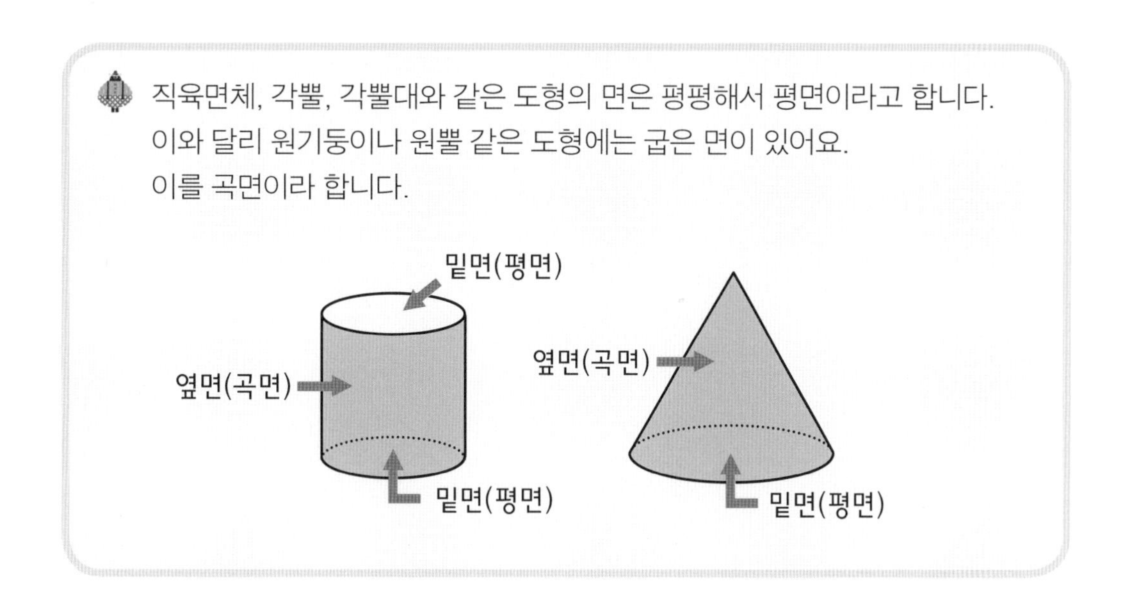

모서리 초5 초6

입체도형에서 면과 면이 만나는 선분

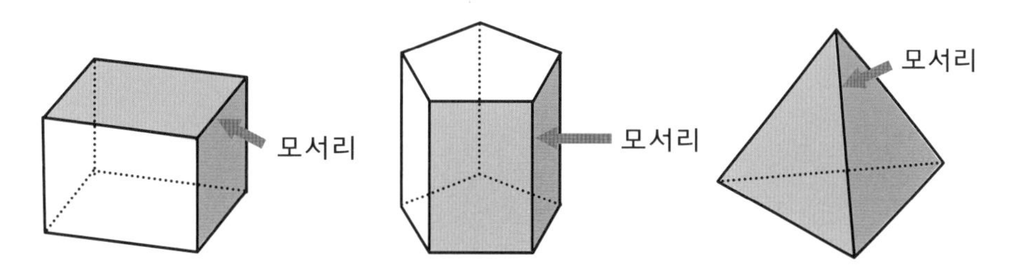

모선 초6

원뿔에서 원뿔의 꼭짓점과 밑면인 원의 둘레의 한 점을 이은 선분

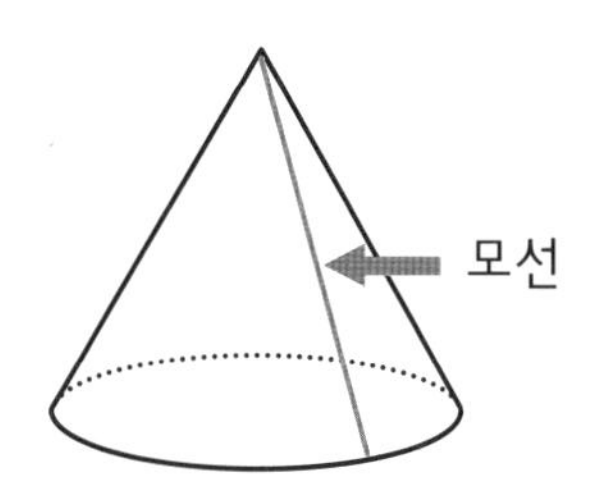

밀기 초4

도형을 위, 아래, 왼쪽, 오른쪽 등으로 밀어 움직이는 것

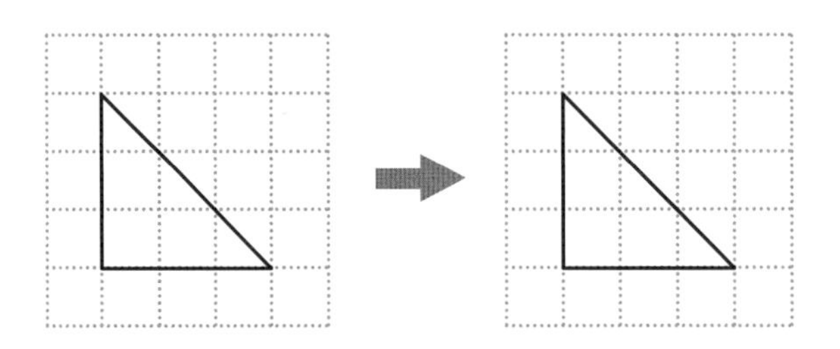

 밀기는 평행이동이라고도 합니다.

밑면 초5 초6

입체도형에서 높이를 잴 때 기준이 되는 면

- 각기둥과 원기둥에서 서로 평행이고 합동인 두 면

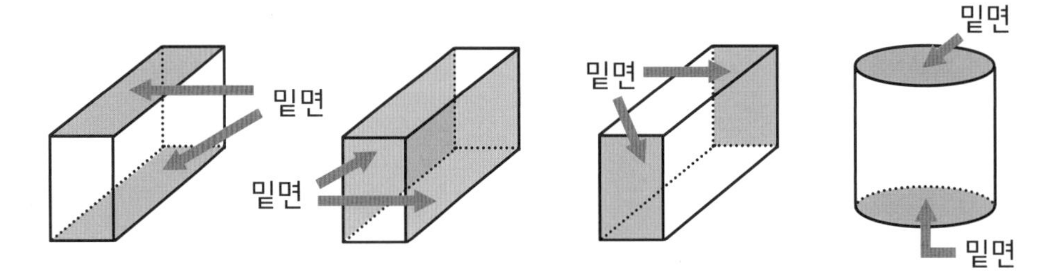

- 각뿔에서 면ㄴㄷㄹㅁ과 같은 면

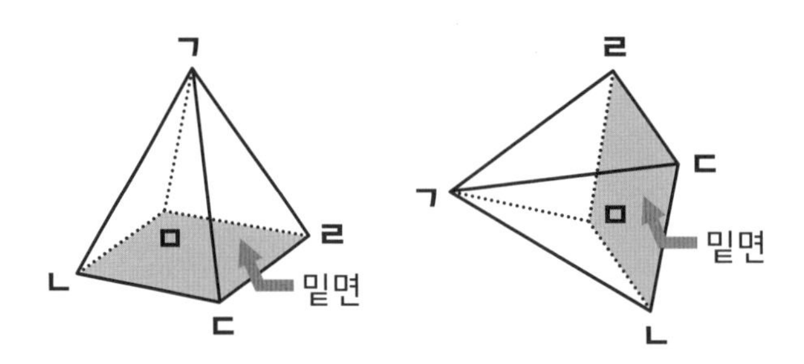

• 원뿔에서 평평한 면

밑면

밑면

'높이'(5~6쪽) 내용을 참고하세요.

밑변 초5

평면도형에서 높이를 잴 때 기준이 되는 변

• 삼각형의 어느 한 변

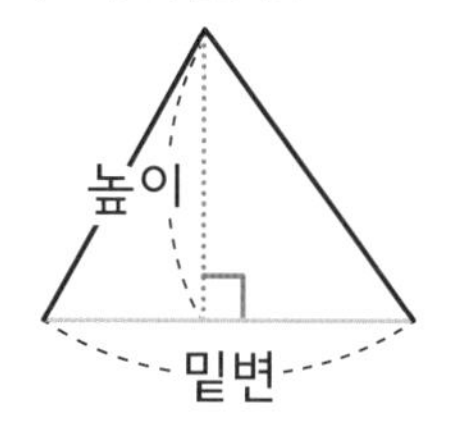

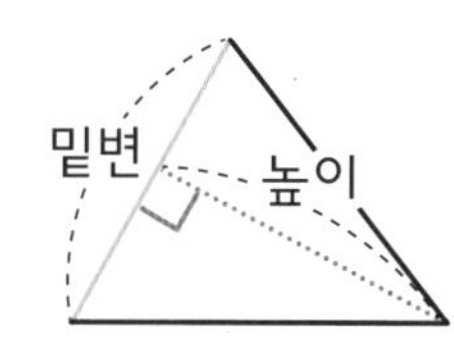

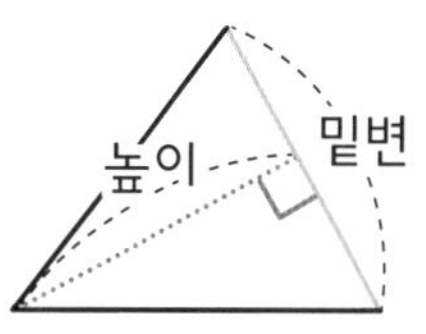

• 사다리꼴에서 평행한 두 변

• 평행사변형에서 평행한 두 변

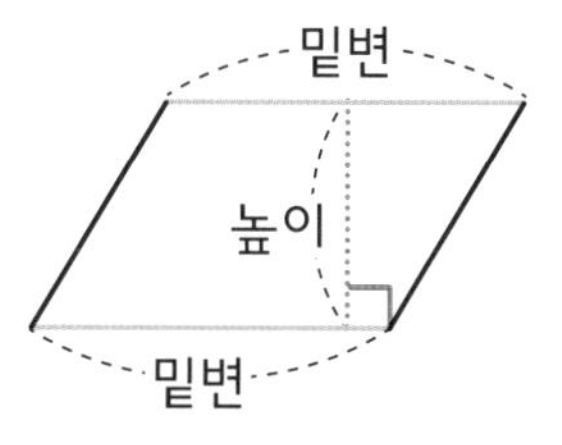

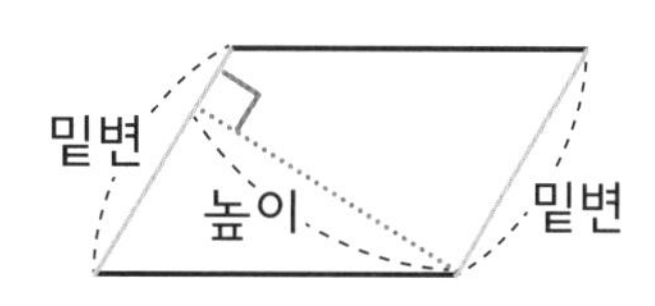

'높이'(5~6쪽) 내용을 참고하세요.

ㅂ

반시계 방향

시계가 돌아가는 방향과 반대 방향

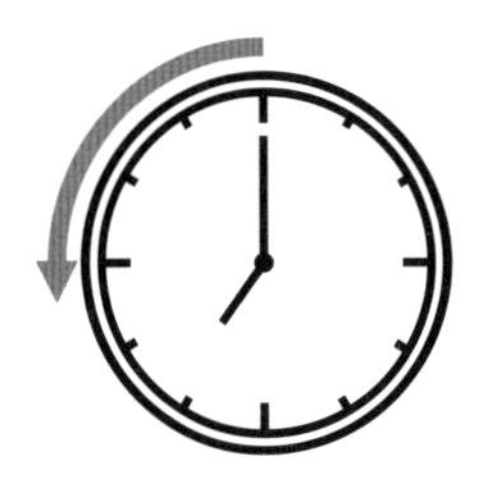

반지름 초3 초6

① 원의 반지름

원의 중심과 원 위의 한 점을 이은 선분 또는 선분의 길이

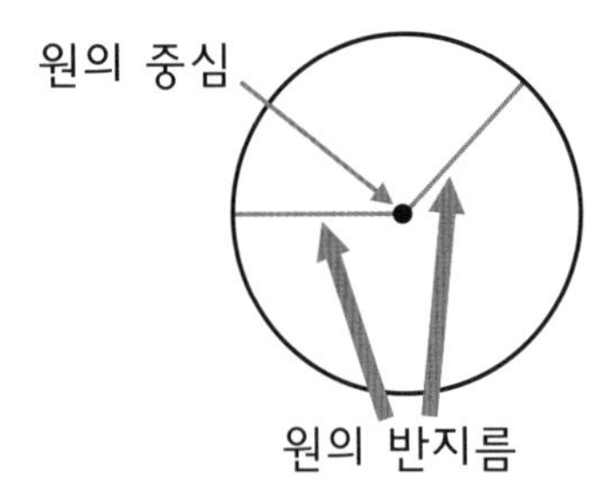

② 구의 반지름

구의 중심에서 구의 겉면의 한 점을 이은 선분 또는 선분의 길이

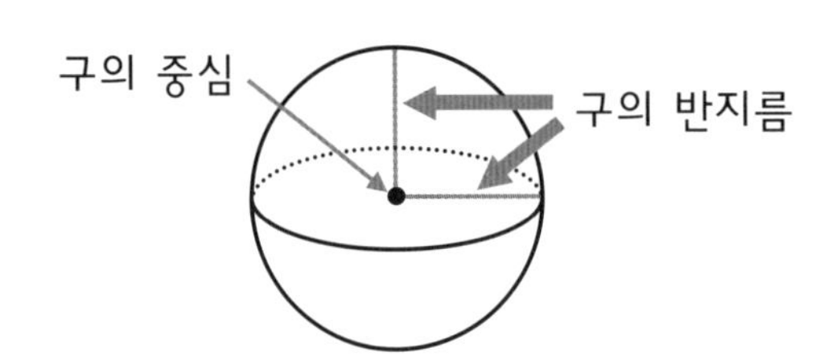

반직선 초3

한 점에서 시작하여 한쪽으로 끝없이 늘인 직선

점ㄱ에서 시작하여 점ㄴ을 지나는 반직선을 반직선 ㄱㄴ이라 하고, 점ㄴ에서 시작하여 점ㄱ을 지나는 반직선을 반직선ㄴㄱ이라 한다.

변 초2 초3

도형의 가장자리에 있는 곧은 선

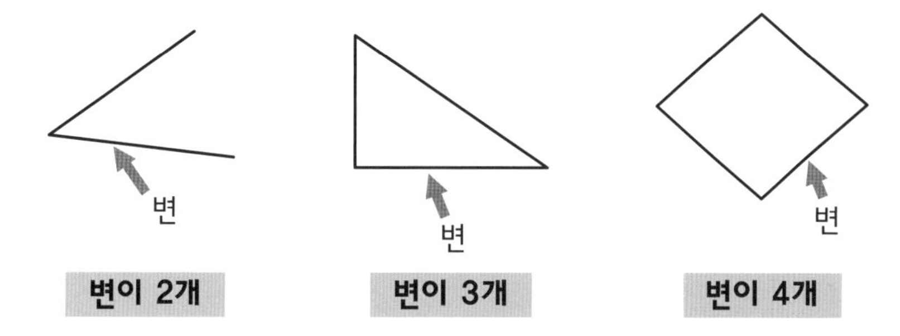

ㅅ

사각기둥 초6

밑면의 모양이 사각형인 각기둥

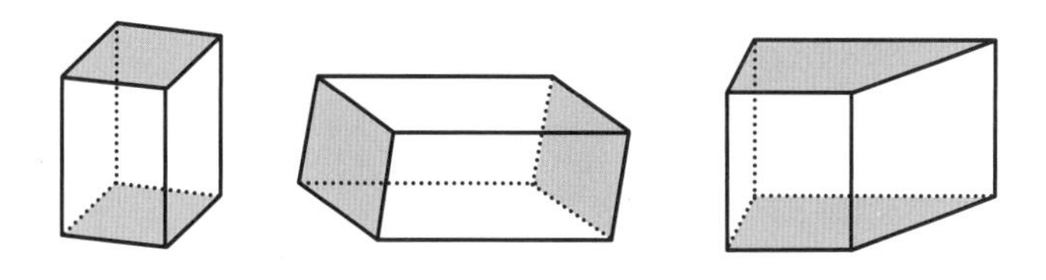

사각뿔 초6

밑면의 모양이 사각형인 각뿔

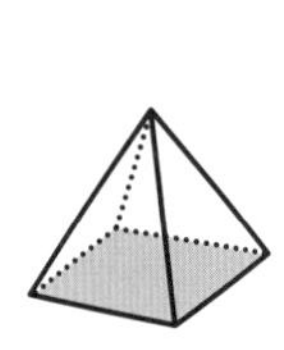
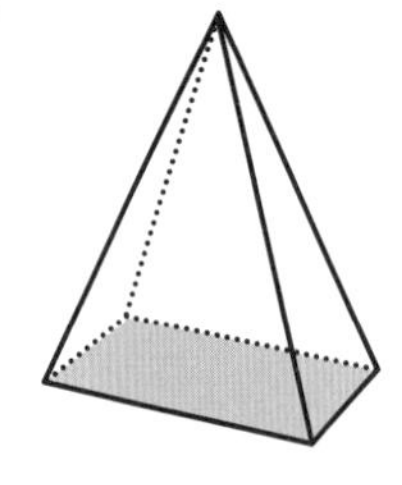
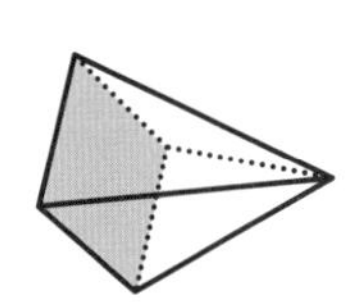

사각형 초2

4개의 변으로 둘러싸인 평면도형

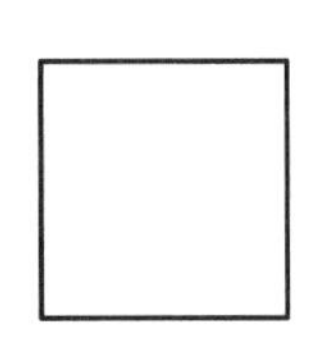
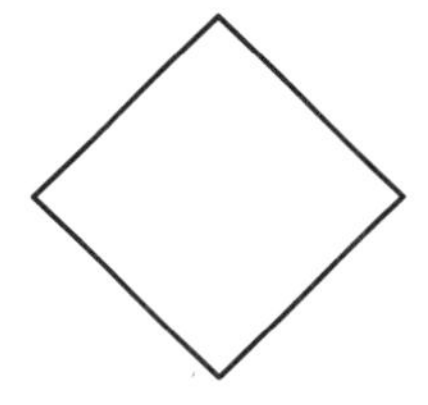
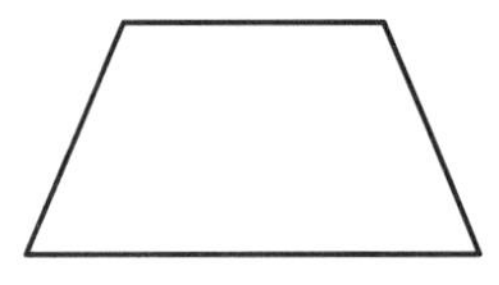

사다리꼴 초4

평행한 변이 한 쌍이라도 있는 사각형

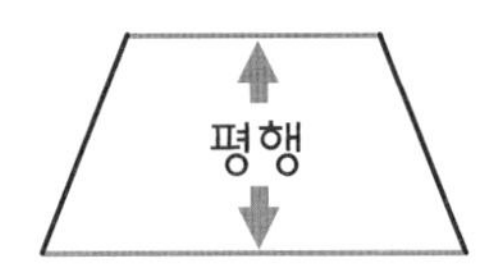

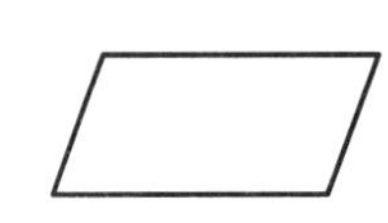
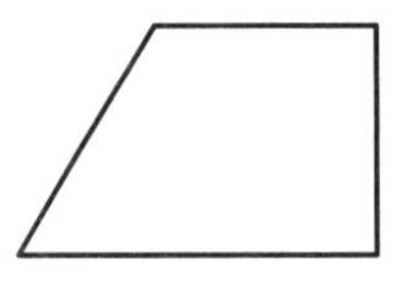
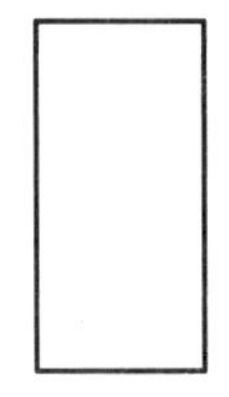

삼각기둥 초6

밑면의 모양이 삼각형인 각기둥

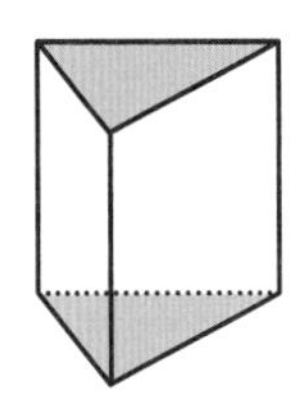
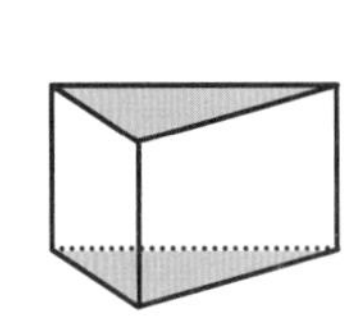
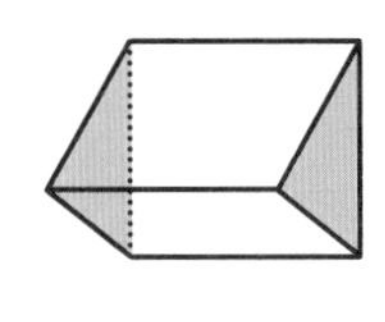

삼각뿔 초6

밑면의 모양이 삼각형인 각뿔

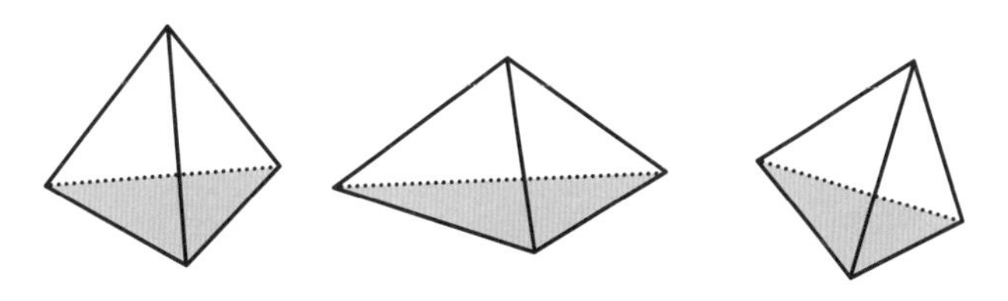

삼각형 초2

3개의 변으로 둘러싸인 평면도형

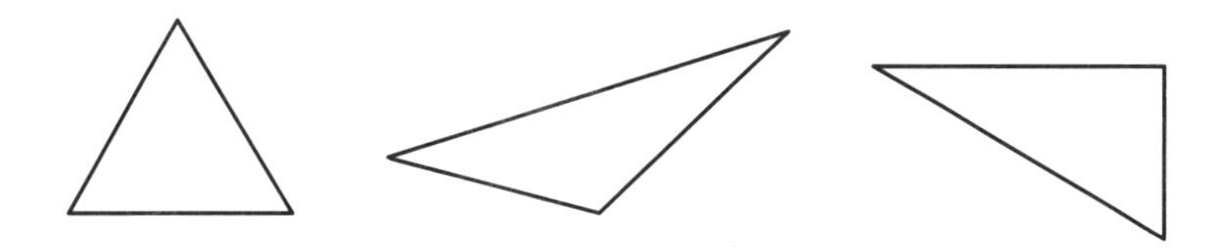

세로

위에서 아래로 나 있는 방향이나 길이

선대칭도형 초5

한 직선을 따라 접었을 때 완전히 겹치는 도형

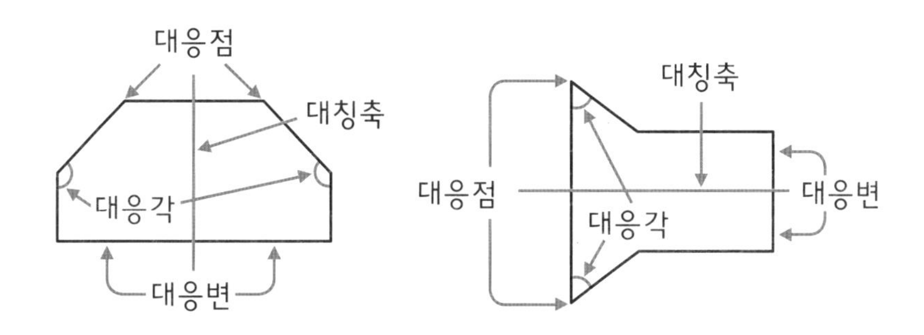

선분 초3

두 점을 곧게 이은 선

점ㄱ과 점ㄴ을 이은 선분을 선분ㄱㄴ 또는 선분ㄴㄱ이라 한다.

수선 초4

한 직선에 대해 수직으로 만나는 직선

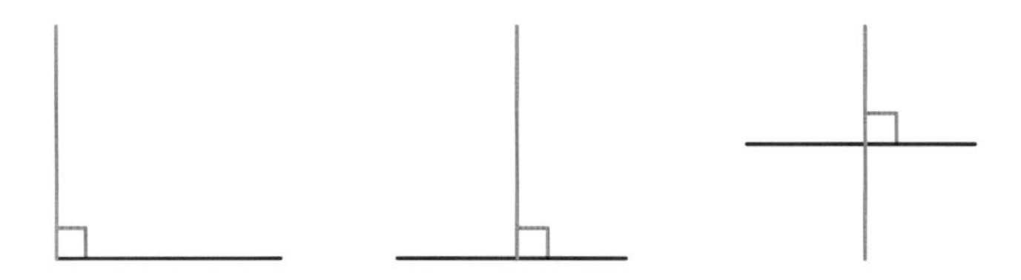

수직 초4

두 직선이 직각으로 만나는 경우를 나타내며, '두 직선은 서로 수직이다.'라고 한다.

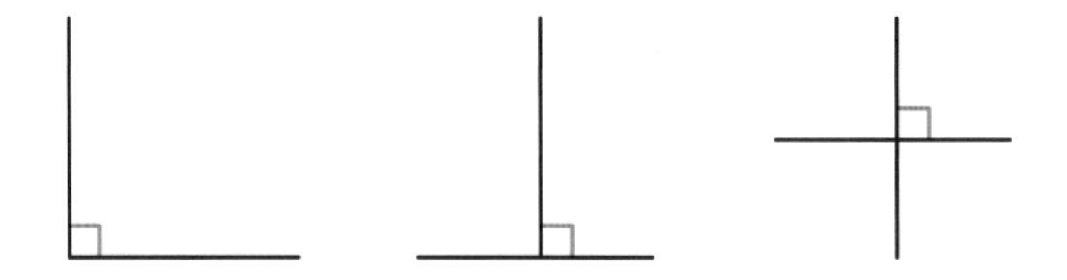

시계 방향

시계가 돌아가는 방향

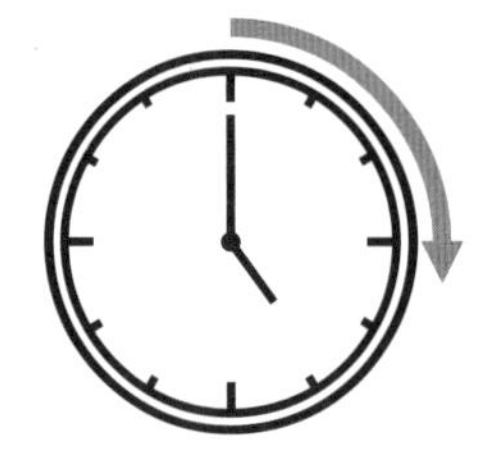

ㅇ

아랫변 초5

사다리꼴의 두 밑변 중 아래쪽에 있는 변

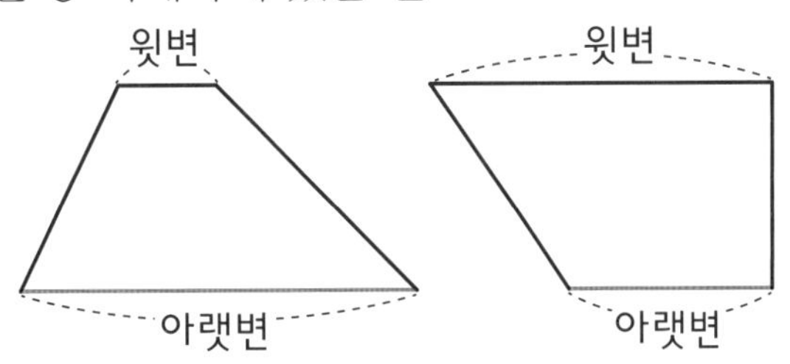

옆면 초5 초6

입체도형에서 밑면과 만나는 면

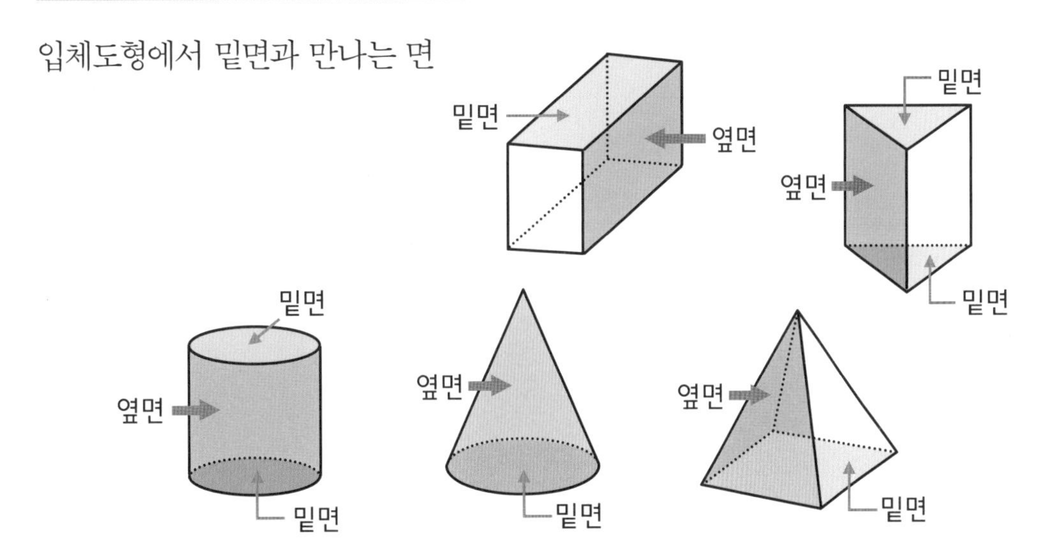

예각 초4

각의 크기가 0°보다 크고 90°보다 작은 각

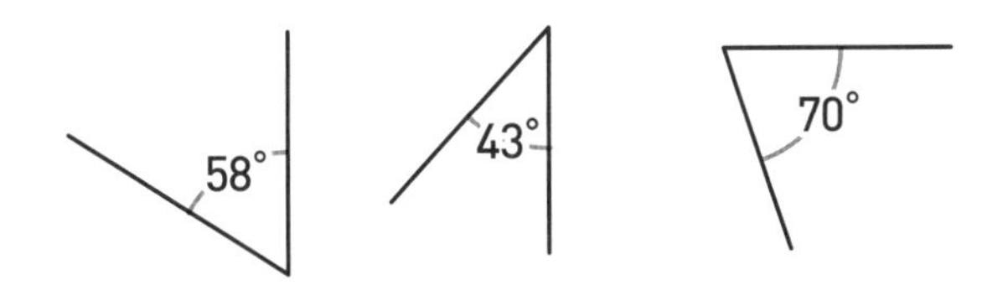

예각삼각형 초4

세 각이 모두 예각인 삼각형

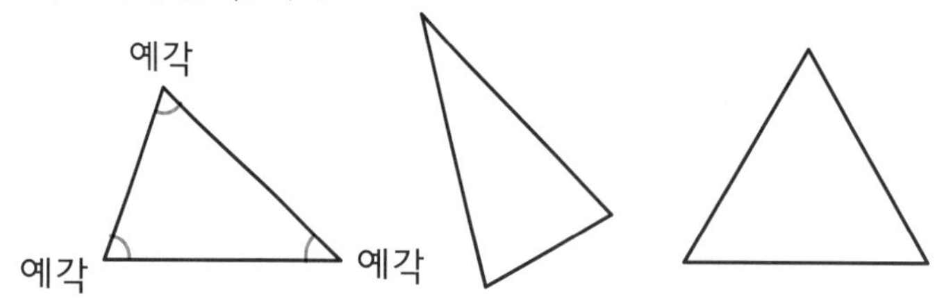

오각기둥 초6

밑면의 모양이 오각형인 각기둥

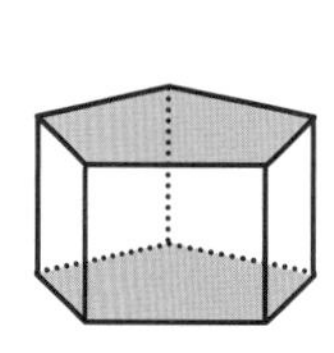
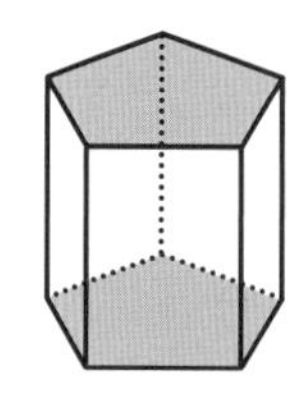
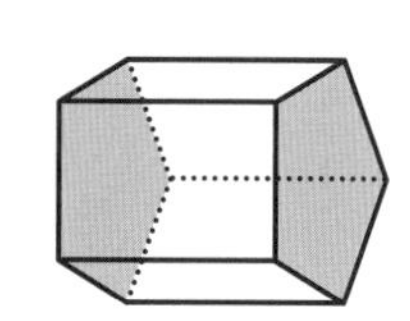

오각뿔 초6

밑면의 모양이 오각형인 각뿔

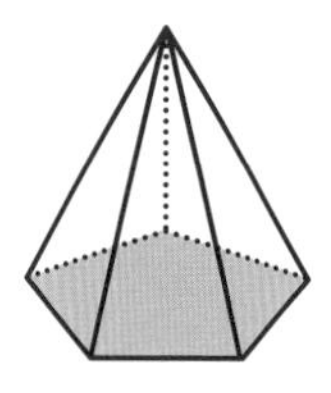
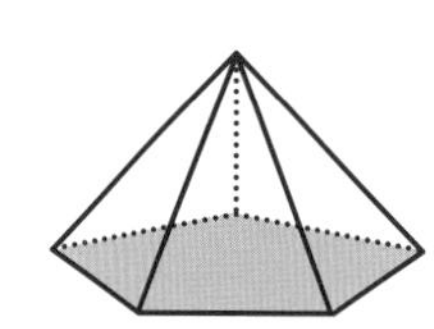
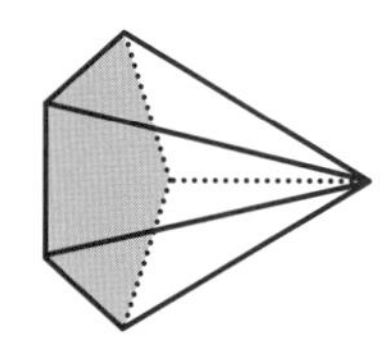

오각형 초2

5개의 변으로 둘러싸인 평면도형

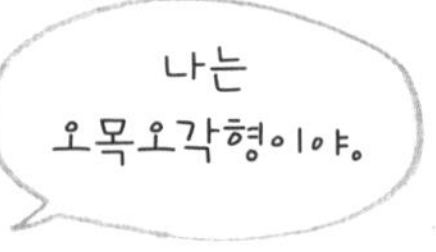

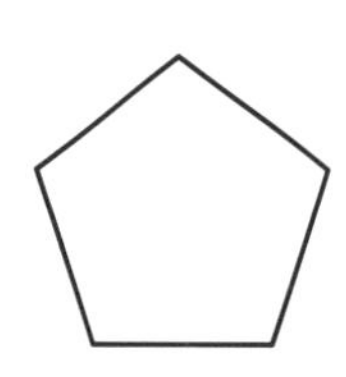
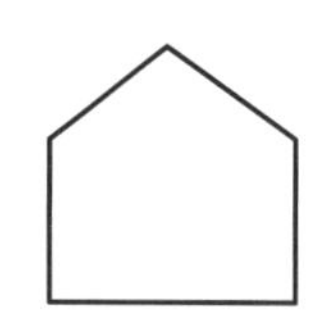

원 초2

아래와 같은 도형

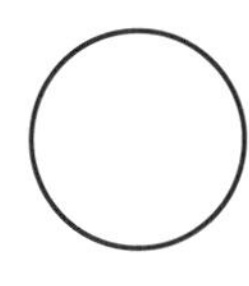

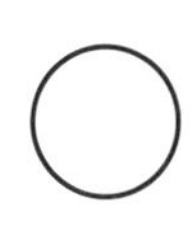

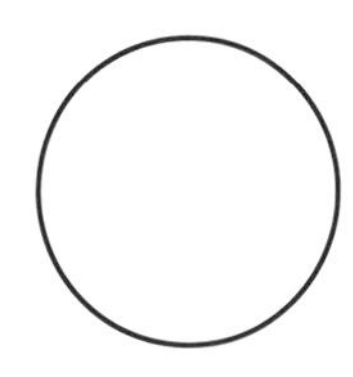

 그림처럼 누름 못을 중심으로 띠종이를 한 바퀴 돌리면 원 모양이 나옵니다.

원기둥 초6

크기가 같고 평행인 원을 두 밑면으로 하는 입체도형

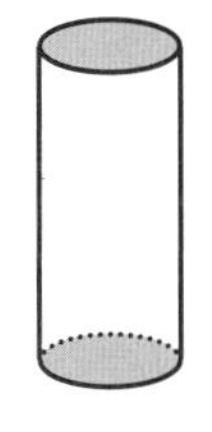

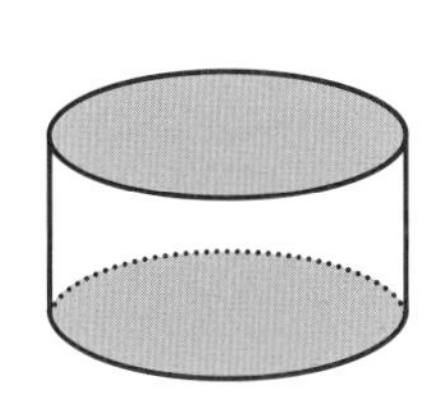

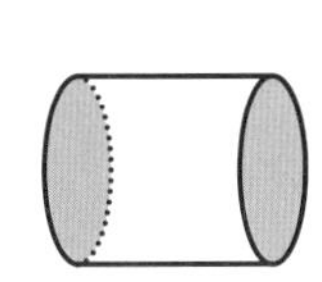

원의 중심 초3

원을 그릴 때 누름 못이 꽂혔던 점

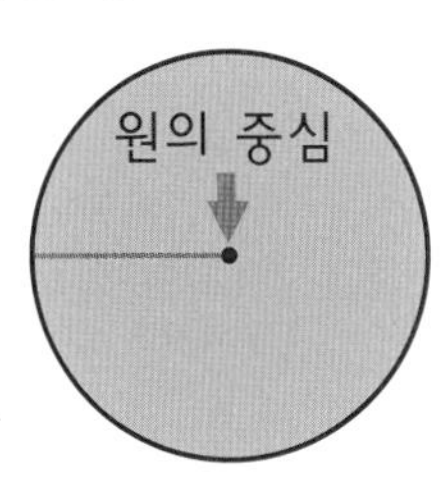

 누름 못이 꽂힌 점에서 원 위의 한 점까지의 길이는 모두 같습니다.

원뿔 초6

밑면의 모양이 원인 뿔 모양의 입체도형

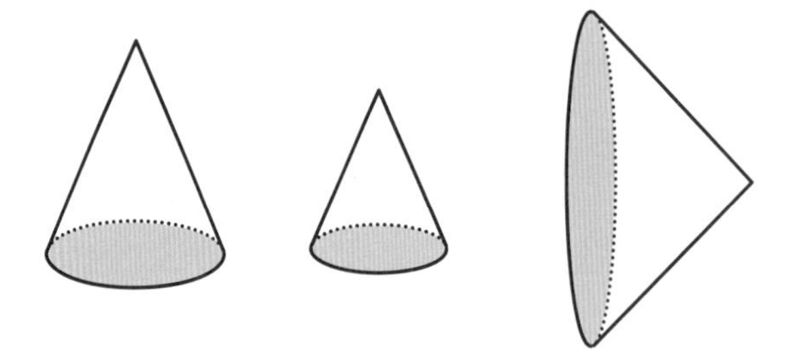

원뿔대 중학

원뿔을 밑면에 평행한 면으로 자를 때 생기는 두 입체도형 중에서 원뿔이 아닌 것

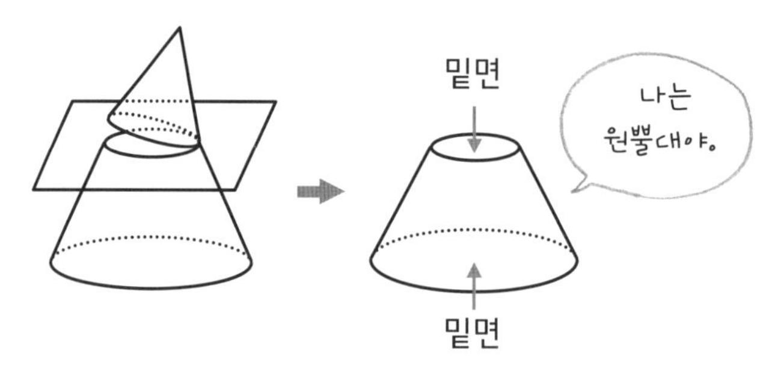

원뿔대에는 크기가 다른 2개의 밑면이 있습니다.

원뿔의 꼭짓점 초6

원뿔에서 뾰족한 점

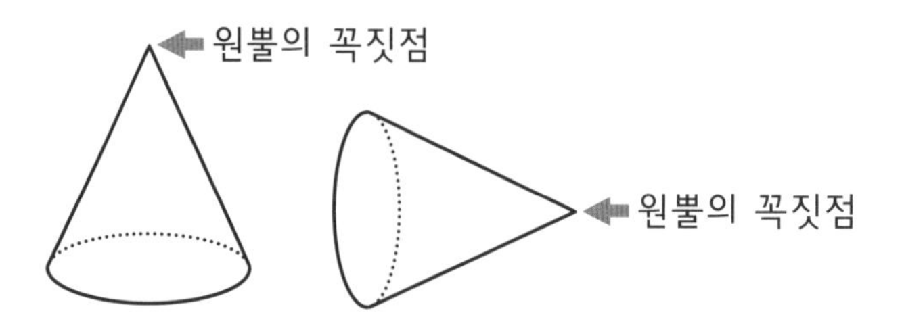

윗변 초5

사다리꼴의 두 밑변 중 위쪽에 있는 변

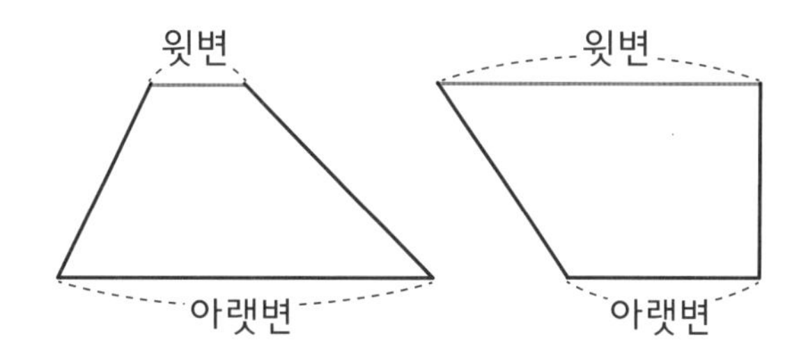

육각뿔 초6

밑면의 모양이 육각형인 각뿔

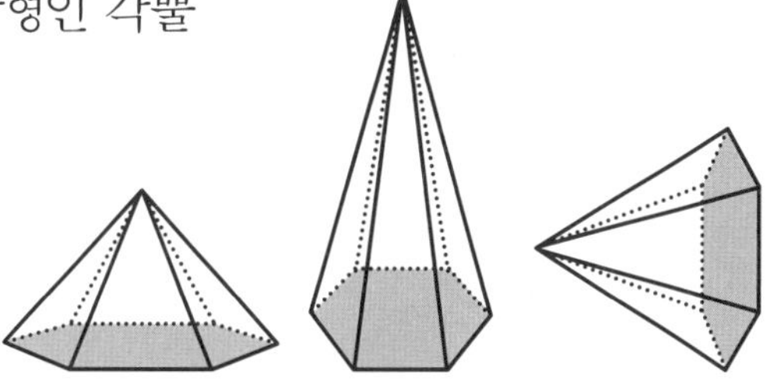

육각형 초2 초4

6개의 변으로 둘러싸인 평면도형

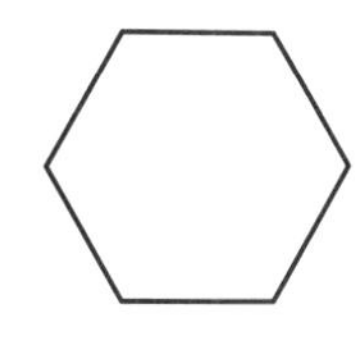
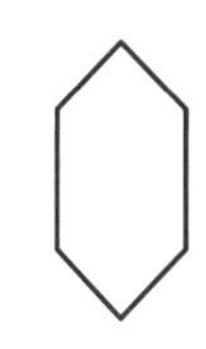
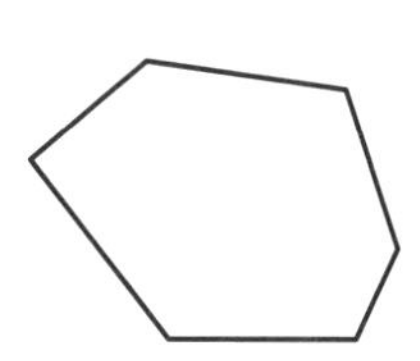

이등변삼각형 초4

두 변의 길이가 같은 삼각형

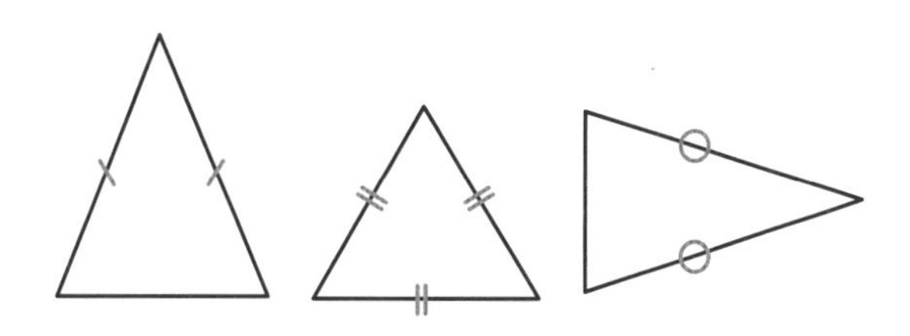

이웃하다 초4

도형에서 점이나 변이 바로 옆에 가까이 있다.

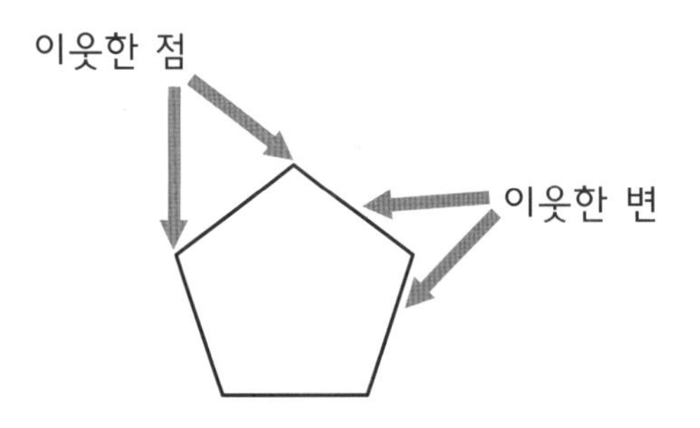

입체도형 초6

정육면체, 구, 육각기둥과 같이 부피를 가지는 도형

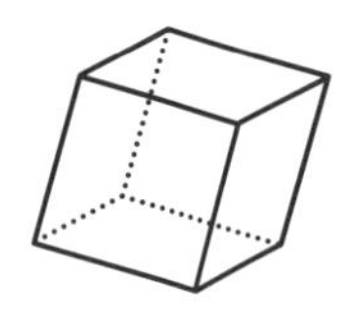
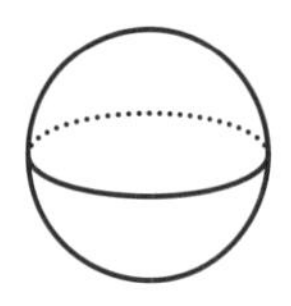
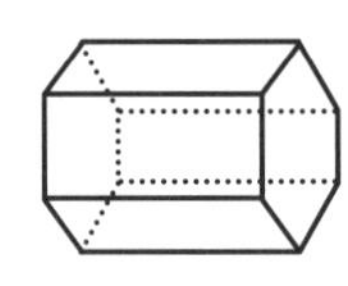
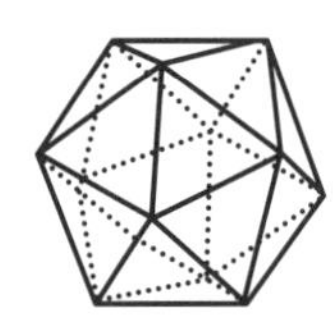

ㅈ

전개도 [초5] [초6]

입체도형의 모서리를 잘라서 펼쳐 놓은 그림

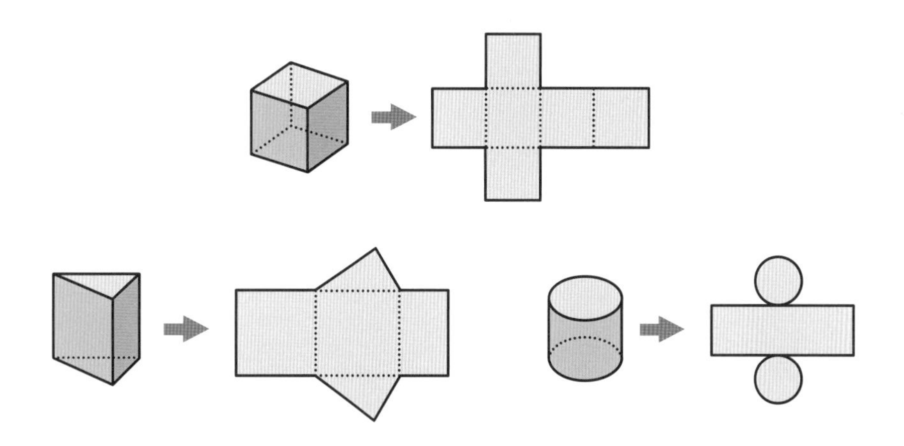

전개도는 어느 모서리를 자르는가에 따라 여러 가지 모양이 나올 수 있습니다. 전개도에서 잘린 모서리는 실선으로, 잘리지 않은 모서리는 점선으로 그립니다.

점대칭도형 [초5]

한 도형을 어떤 점을 중심으로 180° 돌렸을 때 처음 도형과 완전히 겹치는 도형

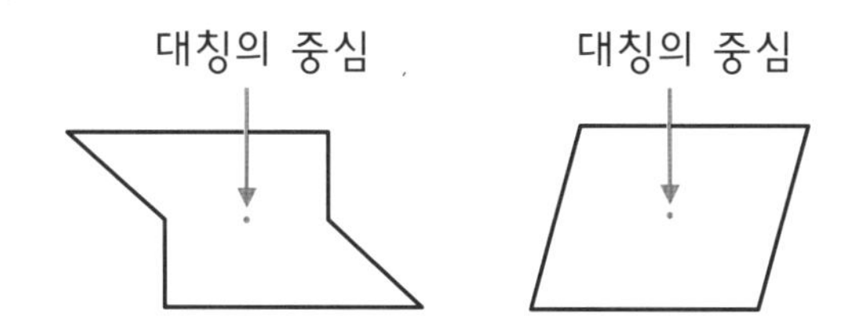

점대칭도형을 돌릴 때 중심이 되는 점을 대칭의 중심이라고 합니다.

정다각형 [초4]

변의 길이가 모두 같고, 각의 크기가 모두 같은 다각형

정다각형은 변의 개수에 따라 정삼각형, 정사각형, 정오각형, 정육각형 등으로 구분됩니다.

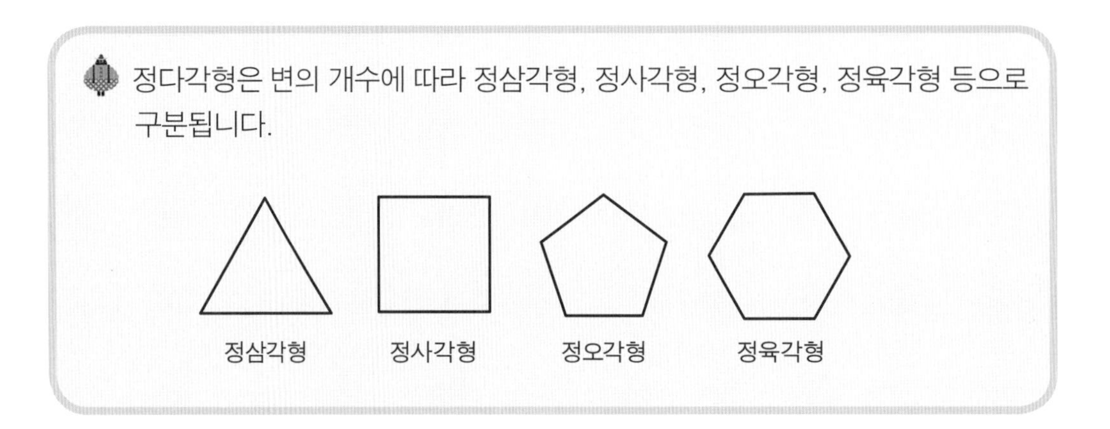

정사각형 [초3]

네 각이 모두 직각이고, 네 변의 길이가 모두 같은 사각형

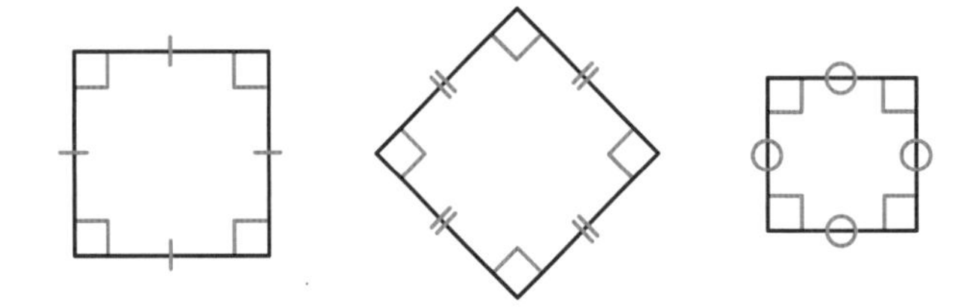

정삼각형 [초4]

세 변의 길이가 같은 삼각형

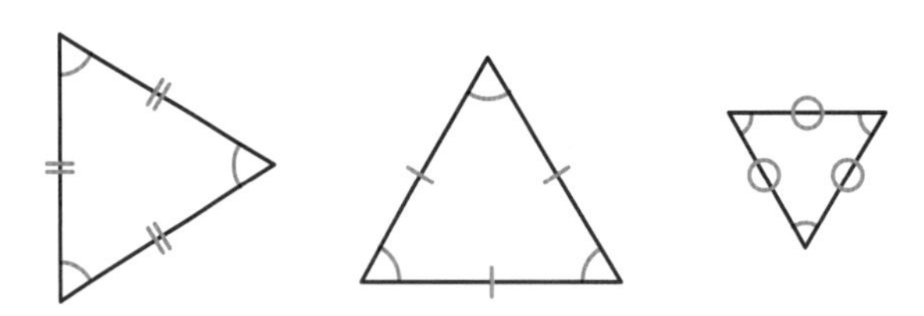

정육면체 초5

정사각형 6개로 둘러싸인 입체도형

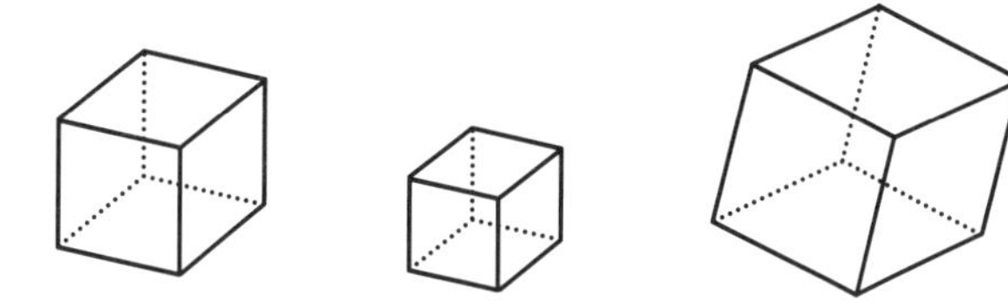

지름 초3

원 위의 두 점을 이은 선분 중 원의 중심을 지나는 선분 또는 선분의 길이

직각 초3

종이를 반듯하게 두 번 접었을 때 생기는 각

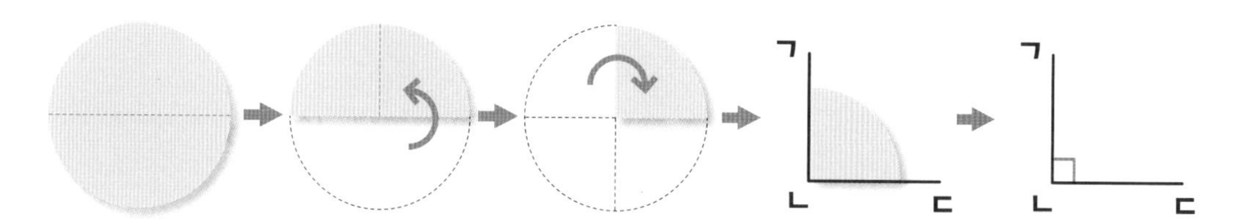

직각 ㄱㄴㄷ을 나타낼 때에는 꼭짓점 ㄴ에 ⊾ 표시를 한다.

직각의 크기는 90° 입니다.

직각삼각형 초3

한 각이 직각인 삼각형

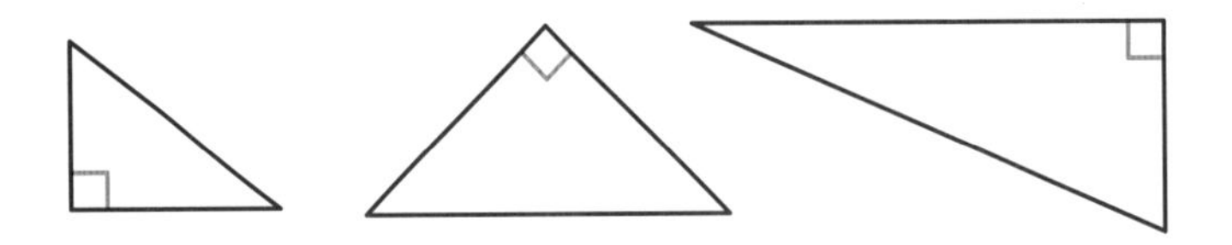

직사각형 초3

네 각이 모두 직각인 사각형

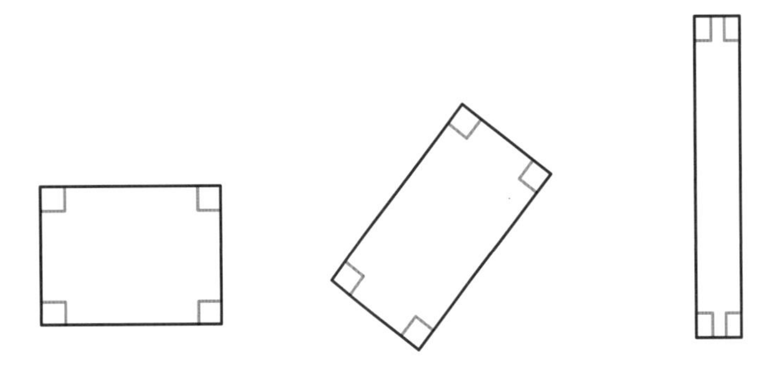

직선 초3

선분을 양쪽으로 끝없이 늘인 곧은 선

점ㄱ과 점ㄴ을 지나는 직선을 직선ㄱㄴ 또는 직선ㄴㄱ이라고 한다.

직육면체 초5

6개의 직사각형으로 둘러싸인 입체도형

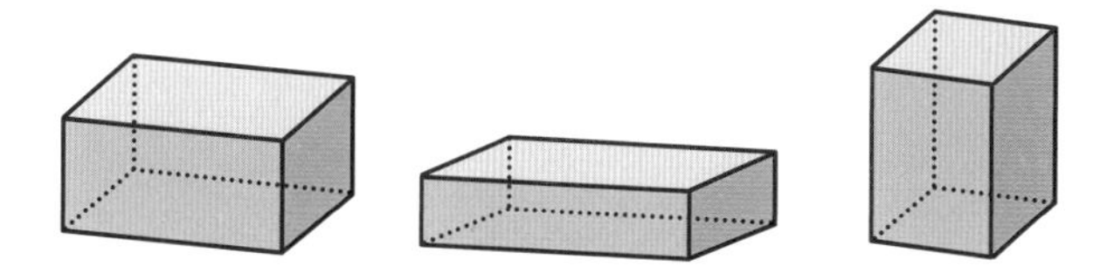

칠각형 초4

7개의 변으로 둘러싸인 평면도형

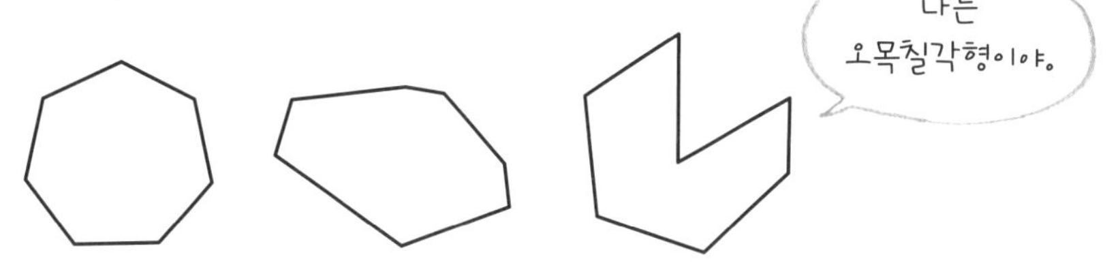

ㅍ

팔각기둥 초6

밑면의 모양이 팔각형인 각기둥

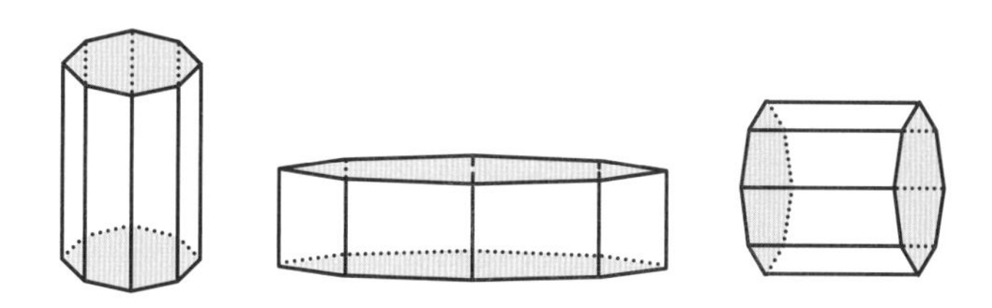

팔각형 초4

8개의 변으로 둘러싸인 평면도형

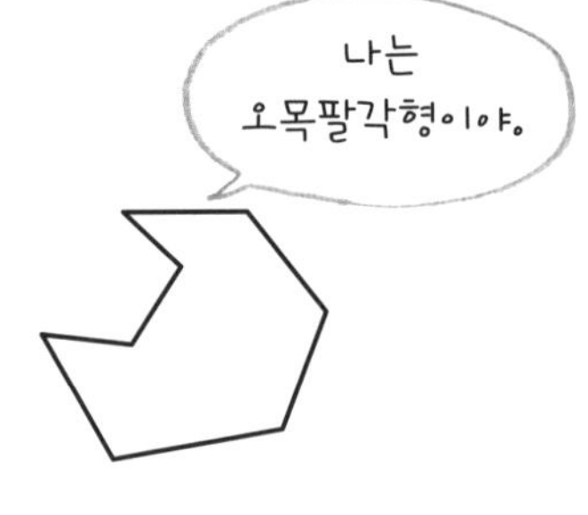

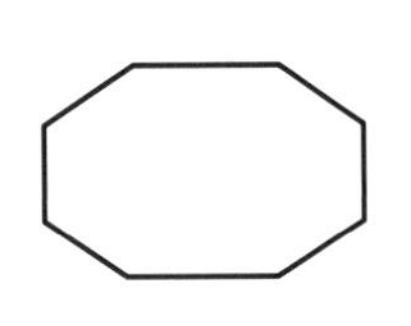
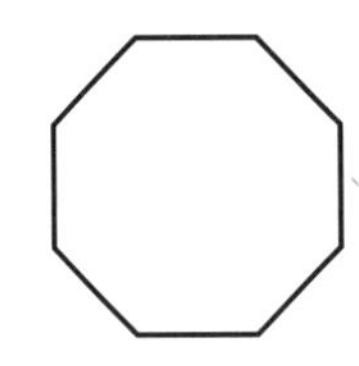
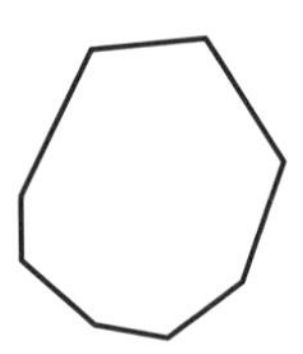

평면도형

선분, 직선, 각, 곡선, 삼각형, 사각형, 원 등과 같이 하나의 평면 위에 있는 도형

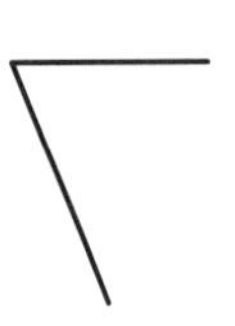

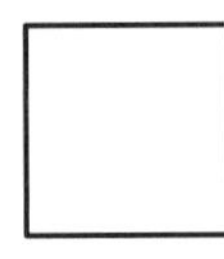
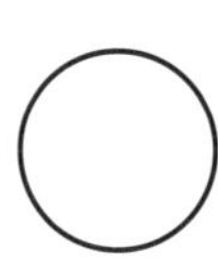

평행 초4

두 직선이 나란히 있어서 아무리 늘여도 서로 만나지 않는 경우를 나타내며, '두 직선은 평행하다'고 한다.

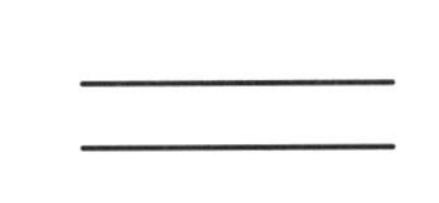

 한 직선에 수직인 두 직선을 그었을 때, 그 두 직선은 서로 만나지 않습니다.

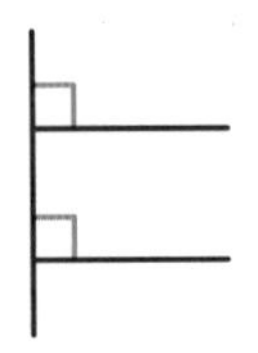

평행사변형 [초4]

마주 보는 두 쌍의 변이 서로 평행한 사각형

평행선 [초4]

서로 만나지 않는 둘 이상의 직선

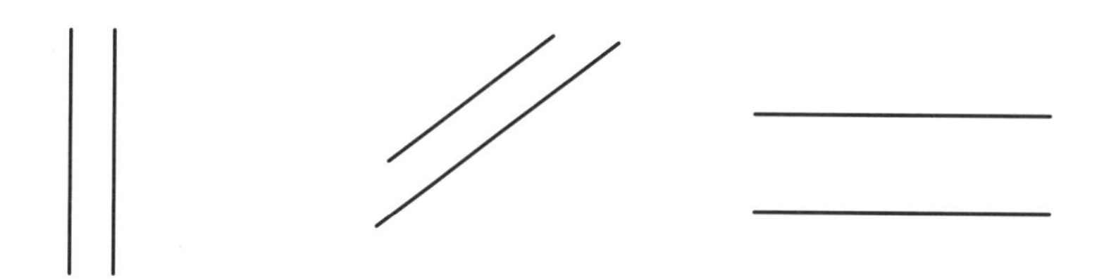

평행선 사이의 거리 [초4]

평행선의 한 직선에서 다른 직선에 수선을 그을 때, 그 수선의 길이

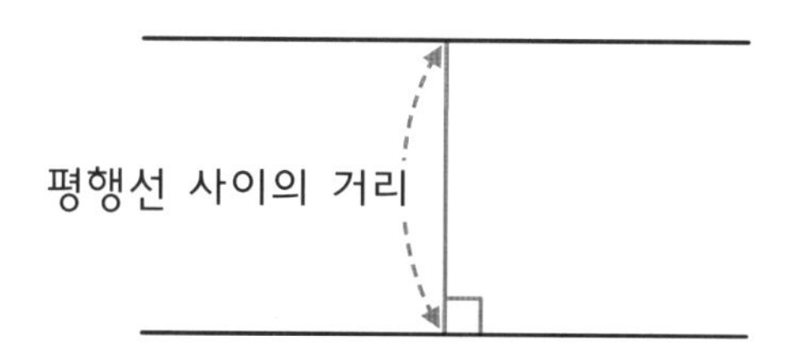

ㅎ

합동 초5

두 도형의 모양과 크기가 같아 포개었을 때 완전히 겹쳐지는 경우, '두 도형은 합동이다.'라고 한다.

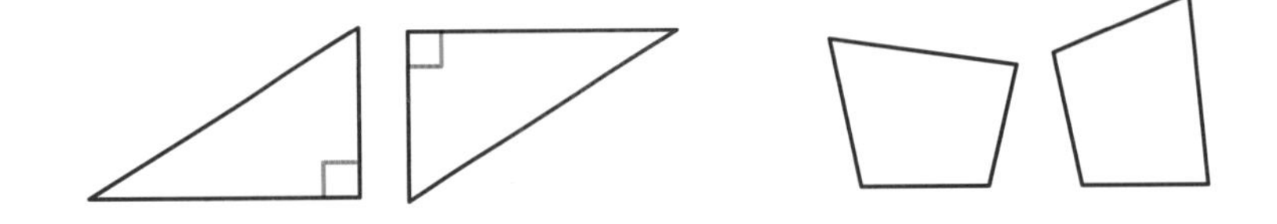

Memo

Memo

책 속의 책

도형 용어 사전

수학
용어
비법

이 책을 먼저 경험한 아이들의 이야기

"수학은 수학인데, 놀면서 배우는 느낌이다. 재밌어서 다음 페이지, 다음 페이지를 넘기게 된다!"
서울월촌초등학교 1학년 김누리

"글자판에서 처음 들어 보는 도형의 이름을 찾는 게 재미있었다. 세 고개 문제를 풀면서는 도형의 이름을 생각하는 게 재미있었다. 게임처럼 하다 보니 처음 본 도형을 잘 알게 되었다." 서울항동초등학교 2학년 김민영

"퀴즈를 풀다 보니 내가 모르던 용어를 자연스럽고 재미있게 알게 되어서 좋았다. 그리고 내가 알고 있던 용어들도 정리가 되어서 좋았다. 글자판에서 처음 보는 용어를 찾으면서 저절로 외우게 되었고, 그 용어를 뒤에 있는 사전에서 찾으면서 스스로 공부가 되었다. 그리고 A부터 Z까지 찾는 것은 수수께끼를 푸는 것처럼 재미있었다. 시간 가는 줄 모르고 풀다가 엄마한테 혼났다." 서울이수초등학교 3학년 이은서

"도형 용어가 어려웠는데 그림을 보면서 예인 것과 예가 아닌 것을 구별하니 이해하기 쉬웠고 뒤에 있는 〈도형 용어 사전〉을 보니 더 쉽게 알게 되었다. 모든 챕터가 재미있어서 술술 넘어간다. 평소에 수학 문제 푸는 것을 안 좋아하는데 모든 문제가 이랬으면 좋겠다." 서울잠원초등학교 3학년 이지민

"퍼즐 게임처럼 재미있었다. 〈도형 용어 사전〉에 개념 소개가 글이랑 그림으로 잘돼 있어서 좋았다."
서울청파초등학교 4학년 김정근

"도형을 포기하고 싶은 5학년 친구들! 아님 누가 옆에서 문제 풀 때 1~4학년 때 도형 개념 알려 줬으면 하는 친구들! 이 책을 보면 고민이 단번에 해결될 거야. 이 책은 초등학교 때 배우는 도형 개념을 처음부터 전부 설명해 주거든! 뭐? 6학년 내용이 나오면 어떡하냐구? 걱정 마! 뒤쪽에 부록으로 들어 있는 〈도형 용어 사전〉을 보면서 풀면 저절로 예습도 된다. 내가 그렇게 풀었어! 그리고 재미있는 퀴즈도 풀고 퍼즐도 풀다 보면 도형 용어도 익히고 덤으로 국어 어휘 공부도 된다! 나 믿고 한번 풀어 봐." 서울신목초등학교 5학년 이채은